国家出版基金项目
NATIONAL PUBLICATION FOUNDATION

"双碳"目标下建筑中可再生能源利用

建筑中光伏利用

杨洪兴　石文超　著

中国建筑工业出版社

图书在版编目（CIP）数据

建筑中光伏利用 / 杨洪兴，石文超著. -- 北京：
中国建筑工业出版社，2024. 12. --（"双碳"目标下建
筑中可再生能源利用）. -- ISBN 978-7-112-30633-6

Ⅰ. TU18

中国国家版本馆 CIP 数据核字第 2024AK4275 号

责任编辑：张文胜
文字编辑：赵欧凡
责任校对：赵　力

"双碳"目标下建筑中可再生能源利用

建筑中光伏利用

杨洪兴　石文超　著

*

中国建筑工业出版社出版、发行（北京海淀三里河路 9 号）

各地新华书店、建筑书店经销

北京科地亚盟排版公司制版

北京中科印刷有限公司印刷

*

开本：787 毫米×1092 毫米　1/16　印张：11¾　字数：290 千字

2024 年 12 月第一版　　2024 年 12 月第一次印刷

定价：**62.00** 元

ISBN 978-7-112-30633-6

（43750）

前　言

随着我国社会经济的持续发展和人民生活水平的不断提高，近年来用能与产能之间的矛盾逐渐凸显，并伴随着全球变暖等潜在的气候危机。习近平主席在第七十五届联合国大会一般性辩论上宣布，中国将提高国家自主贡献力度，采取更加有力的政策和措施，二氧化碳排放力争于 2030 年前达到峰值，努力争取 2060 年前实现碳中和。建筑作为用能大户，所涉及的建筑建造和运行全生命周期相关碳排放可占到全社会碳排放的 40% 以上，既是碳排放的重要组成部分，也应当在国家实现"双碳"目标和能源转型的道路上承担起重要的任务。

从依赖煤炭、石油等化石燃料的火电转向利用可再生能源，是一种广受认可且行之有效的方法。其中，太阳能以其清洁、可再生、丰富、分布广泛等特点，在全球能源转型中扮演了重要角色。近年来，在政府的大力扶持下，太阳能已应用于人们生活的各个方面。我国太阳能总辐射资源丰富，总体呈"高原大于平原、西部干燥区大于东部湿润区"的分布特点。受限于地势和输送距离，西部地区光伏系统产生的电力很难全部应用于其他地区；而东部地区经济发展较快，能源需求大，但由于发展光伏需要一定的铺设面积，传统的地面光伏发电站无法大规模建设。因此，人们将目光转移到建筑表面，使其成为部署光伏的重要空间，这也是建筑从单纯的能源消费者转变为能源产消者的重要基础。光伏建筑一体化是建筑实现这一转变的主要途径，通过将光伏系统集成到建筑中，既可以有效利用空间和代替部分建筑材料，又可以在需求地点产生电力，实现就地消纳，提高太阳能利用效率，减少能源传输损失，从而在助力实现"双碳"目标的过程中发挥重要作用。

光伏系统可以安装在建筑物的屋顶或外墙上，也可以和建筑材料相结合衍生出新型结构和功能的建材，如光伏瓦、光伏砖、光伏玻璃幕墙、光伏遮阳篷、光伏采光顶、光伏窗和光伏护栏等节能建材。这样光伏组件在利用太阳能发电的同时，还可以作为建筑的一部分满足建筑的基本功能要求，节约部分建筑材料。光伏发电本身无噪声、无污染、无二氧化碳排放，维修费用很低。而光伏与建筑的结合可以减少常规电力消耗，补偿建筑物高峰用电负荷，降低建筑物的冷负荷。

本书共分为 6 章，在 2012 年出版的《光伏建筑一体化工程》的基础上重新编写，主要根据最近几年的研究成果做了大量的修改。本书图文并茂、通俗易懂，主要涵盖了建筑中光伏应用的基本知识、系统设计方法、近年来较新的科研进展和案例等，让读者更加直观地认识光伏在建筑中的应用以及影响其性能的多种因素，直接感受它的独特魅力。

本书由香港理工大学建筑环境及能源工程学系杨洪兴教授和石文超博士著，其领导的可再生能源研究室博士后研究员宋哲、王矗垚、贺瑞杨，以及在读博士研究生张怡洁、周浩等均参与了收集资料或部分编写工作。希望此书能够为光伏建筑一体化的推广普及起到积极促进作用，推动我国建筑节能的发展，为我国可持续发展贡献一点力量。

由于作者的学识及水平所限，书中难免有局限和不足之处，欢迎广大读者不吝指正。

目　　录

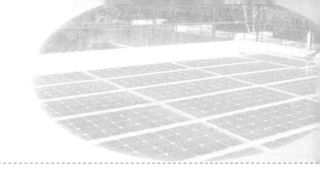

第1章　光伏建筑概念

1.1　光伏建筑的概念

1.1.1　光伏建筑的概念和发展概况

光伏建筑（BIPV 或 BAPV）是利用太阳能发电的一种新形式，它将光伏组件与建筑产品有机结合，结合的方式主要包括安装在建筑的围护结构外表面（BAPV）或直接取代外围护结构（BIPV）。光伏建筑既保留建筑的相关功能，又能为建筑就近提供有效的可再生能源电力，是光伏系统在现代建筑中的典型应用。

光伏地面系统最初只用于偏僻无电网地区，如游牧地区、孤岛等。直到 20 世纪 80 年代末 90 年代初，光伏地面系统逐渐流行，开始应用于一些独立用户、联网用户和商业建筑。1991 年，世界能源署（IEA）提出了光伏建筑的具体概念，意味着光伏发电进入了在城市大规模应用的阶段。尤其是 20 世纪 90 年代后半期至 21 世纪初，常规能源的碳排放问题、人类环境意识的日益增强以及逐步完善的法规政策，都促进了光伏建筑产业进入快速发展时期。在发展初期，一些发达国家将光伏建筑作为重点项目积极推进。例如实施和推广太阳能屋顶计划，比较著名的有德国的"十万太阳能屋顶计划"、美国的"百万太阳能屋顶计划"以及日本的"新阳光计划"等。

在政策、补贴的推动下，我国光伏建筑的开发与应用也取得了很大的发展。"九五"期间，我国在深圳和北京分别成功建成 $170kW_p$ 和 $7kW_p$ 的光伏发电屋顶并实现并网发电。"十五"和"十一五"期间，北京、上海、武汉、广州和深圳等地相继建成了多个光伏建筑一体化工程，如北京火车南站、北京首都博物馆、武汉日新科技股份有限公司厂区、深圳国际园林花卉博览园、上海市崇明区太阳能光伏电站、青岛火车站、广州凤凰城高档别墅、海南三亚瑞亚国际公寓等。最近几年，香港特区在补贴政策的推动下建成了大量的光伏建筑一体化系统，应用于多个特区政府示范工程、迪士尼乐园建筑、香港国际机场和新界低层住宅建筑上。

随着政策的推动以及光伏组件和系统成本的显著降低，我国光伏系统的装机容量增长迅猛。"十二五"期间，在复杂的国际能源形势背景下，如美国出台《未来能源安全蓝图》并强调"能源独立"，日本福岛核电站事故引发全球能源安全警示，能源市场长期高位振荡等，我国积极发展可再生能源，逐渐将以燃煤、燃油和燃气为主的化石能源结构转变为零碳能源结构，同时推进智能电网建设并推动以建筑结合为主的分布式可再生能源项目发展。截至 2015 年底，非化石能源在一次能源消费中的占比提升了 2.6%。"十三五"期间，我国对光伏发电的政策支持更加显著。到 2021 年底，光伏发电累计装机 3.06 亿 kW_p，光伏发电量占全社会用电量的 3.9%。随着我国"双碳"目标的提出，光电、风电将成为能源发展转型的重要支柱。《"十四五"现代能源体系规划》中提出了 2025 年非化石能源消费比重提升到 20% 左右的总体目标。由于电网基础设施限制和部分地区存在严重弃光问题等现实条件的制约，相较于地面光伏电站，分布式光伏系统，尤其是建筑一体化自发自用和余电上网的建筑光伏系统成为另一个热点。

近年来，与建筑结合的光伏系统不仅关注实际发电情况，还考虑建筑美学、实际利用面积、建筑负荷情况等因素，由此也出现了一系列研究热点，包括光伏瓦、彩色光伏、立面光伏墙面与窗户、光伏储能系统等。这些研究热点将在未来的研究中得到进一步关注和发展。

1.1.2 光伏建筑的优越性

光伏发电本身具有很多独特的优点，如清洁、无污染、无噪声、无需消耗燃料等。从建筑学、光伏技术和经济学等方面来分析，光伏发电和建筑相结合具有如下优点：

（1）我国建筑能耗约占社会总能耗的 30%，建筑业二氧化碳排放量占全国总碳排放量 40% 以上，我国香港的建筑用电量更是占社会总用电量的 90% 左右。如果把太阳能光伏发电技术与城市建筑相结合，实现光伏建筑一体化，则可有效减少城市建筑的常规能源消耗，大大降低碳排放。

（2）可就地发电、就近消纳，光伏直流电力直接供给直流侧蓄电池或直流负荷，可以提升系统能效。即便是经过逆变器后供给交流负载，也在一定范围内减少了电力传输过程产生的费用。

（3）有效利用建筑物的外表面积，不需占用额外城市地面空间，节省了土地资源，降低了系统成本。

（4）利用建筑物的外围护结构作为支撑，或直接代替外围护结构，不需要为光伏组件提供额外的支撑结构，减少了部分建筑材料费用。

（5）由于光伏组件一般安装在屋顶，或朝南、朝东和朝西的外墙上，直接吸收太阳辐射，避免了屋顶温度和墙面温度过高，可以降低空调负荷，改善建筑室内环境舒适度。同时，由于光伏电力与建筑空调负荷在时间上的匹配性，光伏电力直接供给建筑空调可以降低峰时的电力消耗，有效减少用户电费。

（6）白天是城市用电高峰期，利用此时充足的太阳辐射，光伏系统除提供建筑自身用电外，还可以向电网供电，缓解高峰电力需求压力，解决电网峰谷供需矛盾，具有显著的社会效益和经济效益。

（7）使用光伏组件作为新型建筑围护材料、屋顶材料等功能性组件，给建筑材料选择带来全新体验，提升了建筑物的美观度。

（8）光伏发电没有噪声，没有污染物排放，不消耗任何燃料，运行费用低，不会给人们的生活带来任何不便，安装在建筑的表面是光伏系统在土地成本高昂、资源有限的城市中广泛应用的最佳安装方式，集中体现了绿色环保的理念。

（9）利用清洁的太阳能，避免了使用传统化石燃料带来的温室效应和空气污染，对人类社会的可持续发展意义重大。

1.1.3　光伏建筑基本要求

光伏组件用作建筑材料必须具备坚固耐用、保温隔热、防水防潮等特点。此外，还要考虑安全性能、外观和施工简便等因素。下面结合光伏建筑的特殊性，对用作建筑材料的光伏组件进行分析：

1. 建筑对光伏组件的力学要求

光伏组件用作建筑的外围护结构，为满足建筑的安全性需要，其必须具备一定的抗风压、抗雪压和抗冲击能力，通常这些力学性能要求要高于普通的光伏组件。例如光伏幕墙组件，除了要满足普通光伏组件的性能要求外，还要满足幕墙的安装要求和建筑物安全性能要求。根据当地气候特点安装光伏系统，还需要关注台风、洪涝等可能出现的灾害的影响，在设计时做好相应的预防措施。

2. 光伏建筑的美学要求

不同类型的传统光伏组件在外观上有很大差别，如单晶硅组件为均匀的蓝色，而多晶硅组件由于晶粒取向不同，看上去带有纹理，传统非晶硅组件则为棕色，有半透明和不透明两种。此外，组件尺寸和边框（如明框、隐框和金属、木质、塑料边框等）也各有不同，这些特点也会在视觉上带来不同的效果。与建筑集成的光伏阵列的比例与尺度必须与建筑整体的比例和尺度相吻合，与建筑风格一致，达到视觉上的协调。随着黑硅、彩色光伏、双面光伏、真空光伏玻璃窗等多种新兴技术的出现，光伏组件可以更好地通过材质、颜色、形状尺寸等的改变，作为建筑美学需要传达意境的载体，更好地融入建筑作品。

3. 电学性能相匹配

在设计光伏建筑时，要考虑光伏组件本身的电压、电流是否适合光伏系统的设备选型。比如，在光伏外墙设计中，为了达到一定的艺术效果，建筑物的立面会由一些大小、形状不一的几何图形构成，这样就会造成各组件间的电压、电流不匹配，最终影响系统的整体性能。此时需要对建筑立面进行调整分隔，使光伏组件接近标准组件的电学性能。在实际的设计、运行中，为了获得更好的电学性能与系统表现，一般建议在不影响建筑美观的情况下，使用尽量多的建筑屋顶、立面、窗户等安装光伏系统，即应装尽装，并选择能量转化效率较高的光伏组件。同时，应根据建筑用电负荷特性、当地空气污染情况、当地纬度与气候条件等，确定系统倾角、方位角、是否采用单双轴跟踪装置、清洁维护频率等，有利于实际安装和运行过程中有更好的电力输出。此外，阵列设计、系统逆变器、最大功率点追踪（MPPT）控制器等与光伏系统的匹配也对系统正常运行、规避热斑现象的出现等至关重要。

4. 光伏组件对通风的要求

不同材料的光伏组件对温度的敏感程度不同，目前市场上使用最多的仍是晶硅光伏组件，而晶硅光伏组件的效率会随着温度的升高而降低，因此如果有条件应采用自然通风降温。相对于晶硅光伏组件，温度对薄膜光伏组件效率的影响较弱，对于通风的要求可降低，因此薄膜光伏组件在光伏幕墙、玻璃窗等建筑材料的应用更为广泛。就用于幕墙系统的光伏组件而言，目前市场上已经出现了各种不同类型的通风光伏幕墙组件，如自然通风式光伏幕墙、机械通风式光伏幕墙、混合式通风光伏幕墙等。它们具有通风换气、隔热隔

3

声、节能环保等优点，改善了光伏建筑一体化组件的散热情况，降低了电池片温度及组件的效率损失。

5. 建筑隔热、隔声要求

普通光伏组件的厚度一般只有 4mm，主要是表面玻璃厚度，隔热隔声效果差，如不做任何处理直接用作玻璃幕墙，不仅会增加建筑的冷负荷或热负荷，还不能满足隔声要求。这时可以将普通光伏组件做成中空的 Low-E 玻璃形式。由于中间有一层空气层，既能隔热又能隔声。此外，尚有较为新型的真空光伏玻璃组件，结合相应光谱技术涂层，在提供光伏电力的同时，可以显著降低建筑冬、夏季的热、冷负荷。

6. 建筑对光伏组件反光性能要求

有别于前述的建筑美学要求，建筑对光伏组件具有特殊的反光性能要求。当光伏组件作为立面的幕墙或屋顶天窗时，考虑到光伏组件的反光而造成的光污染现象，需要对太阳能电池的反光性提出要求。对于晶硅光伏组件，可以采用绒面的办法将其表面变成黑色，或在蒸镀减反射膜时通过调节减反射膜的成分结构等来改变光伏组件表面的颜色。此外，通过改变组件的封装材料也可以改变其反光性能，如封装材料布纹超白钢化玻璃和光面超白钢化玻璃的光学性能就不同。也可以使用薄膜光伏组件或在光伏组件表面涂覆彩色涂层，来改变其表面光学特性，使其更有利于建筑应用。

7. 建筑对光伏组件采光的要求

光伏组件用于窗户时，需具有一定的透光性。选择半透明玻璃作为衬底和封装材料的薄膜光伏组件呈茶色透明状，透光性能好而且投影均匀柔和。但对于本身不透光的晶硅光伏组件，只能将其用双层玻璃封装，通过调整电池片之间的空隙或在光伏组件片上穿孔来调整透光量。

8. 组件要方便安装与维护

由于与建筑相结合，建筑光伏组件的安装比普通组件的安装难度更大、要求更高。一般可将光伏组件做成方便安装和拆卸的单元式结构，或基于模块化概念，将光伏组件与幕墙、窗户等在工厂中预制，然后在施工现场直接安装。此外，考虑到光伏组件的使用寿命可达 20～30 年，在设计时要考虑到使用过程中的维修和扩容，在保证局部维修方便的同时，不影响整个系统的正常运行。

9. 光伏组件寿命要求

由于种种原因光伏组件不能达到与建筑相同的使用寿命，所以研发各种新材料尽量延长光伏组件的寿命十分重要。例如光伏组件的封装材料，可使用 EVA（乙烯-乙酸乙烯共聚物）材料，其使用寿命不超过 25 年。而 PVB（聚乙烯醇缩丁醛）膜具有透明、耐热、耐寒、耐湿、机械强度高、粘结性能好等特性，并已经成功应用于建筑用夹层玻璃。如能采用 PVB 代替 EVA，建筑光伏组件有望延长使用寿命。我国关于玻璃幕墙的规范也明确提出了"应用 PVB"的规定。但目前掌握这一技术的厂商并不多，还有很多技术上的难题有待解决。目前常用的光伏组件寿命常规可达 25～30 年，并保证系统输出衰减在此期间低于 20%，而对于定制化、商业化程度不高的薄膜电池、彩色电池等，其寿命还有待提高。

1.1.4 光伏建筑设计原则与步骤

光伏建筑不是简单地将光伏板堆砌在建筑上，既要节能环保又要保证安全美观。由于光伏系统的渗透应用，建筑设计之初就需要将光伏系统纳入到建筑整体规划中，将其作为不可或缺的设计元素，例如从建筑选址、建筑朝向、建筑形式等方面考虑如何能够使光伏系统更好地发挥能效。特别需要注意的是光伏建筑的主体仍是建筑，光伏系统的设计应以不影响和损害建筑效果、结构安全、功能和使用寿命为基本原则，任何对建筑本身产生损害和不良影响的设计都是不合格的。光伏与建筑一体化是艺术与科学的综合，所要寻找的是两者之间的一个平衡点，使光伏与建筑两者相得益彰。

从一体化的设计、一体化制造和一体化安装的核心理念出发，通常光伏建筑一体化的设计可按如下步骤进行：

1. 建筑初级规划

光伏建筑的设计首先要分析建筑物所在地的气候条件、空气污染情况和太阳能资源，这是决定是否应用太阳能光伏发电技术的先决条件；其次是考虑建筑物的周边环境条件，即镶嵌光伏板的建筑部分接收太阳辐射的具体条件，保证光伏阵列能最大限度地接收太阳辐射，而不会被周围建筑或树木等，障碍物遮挡，并且需保证一定的倾角。在建筑光伏系统中需要考虑系统维护清洁的可行性及后期更换或翻新的难易程度。根据建筑所在地的天气情况，系统安装需要满足相关国家标准所规定的防洪、风载、雪载等要求，也应考虑当地可能出现的极端天气情况，设计相应的应急措施。

2. 全面评估建筑用能需求、供能潜力，辅以各种节能技术，力求最大节能效益

光伏建筑一体化的目的是将分布式建筑能源系统从能源消耗者转型成为能源产消者，以满足从集中式传统电网到分布式智能电网的转型，从而实现我国能源结构的转变。光伏建筑的用能需求、供能潜力，以及对应区域市网电力供给情况是设计系统的基本背景。在设计过程中首先要考虑建筑负载情况和能量需求，应尽量使用各类节能技术，不节能的光伏建筑是不可取的，即需要综合多学科的一体化设计理念，比如通过改进建筑外墙减少能量损耗；通过使用透明围护结构实现自然采光；通过自然通风设计减少对空调的依赖；通过使用低能耗电器减少耗电量等。在全面评估建筑用电需求、采用节能技术与环境友好型设备提高能效、降低能源需求、减少建筑运行投入成本的基础上，辅以一定容量的储能装置，就地消纳光伏电力，提高光伏电力在建筑用电量中的占比，使建筑成为真正的节能、低碳排放建筑，即低能耗绿色建筑。此外，在系统设计过程中需要关注当地电网条件，对于负载用电量低、可再生能源发电量大，但负荷对可再生电力的就地消纳能力较弱（弃光率较高）的地区，需要谨慎安装可能带来大量非峰值用电时段光伏电力的建筑光伏系统。

3. 将光伏融入建筑设计

将光伏融入建筑设计的全过程，在与建筑外在风格协调的条件下考虑在建筑的不同结构中巧妙地嵌入光伏系统，如天窗、屋顶、遮阳棚、立面窗户和幕墙等。在双面光伏、彩色光伏、薄膜组件、光谱分频、光伏光热一体化等技术的辅助下，建筑光伏系统逐渐成为建筑艺术的表达手段，可以在不破坏建筑立意、整体观感的前提下，提供可以就地消纳的绿色可再生能源电力。

4. 系统设计

光伏建筑一体化要根据光伏阵列大小与建筑采光要求来确定发电的功率和选择系统设备，因此其系统设计要包含三部分：光伏阵列设计、光伏组件设计和光伏系统设计。

与建筑结合的光伏阵列设计要符合建筑美学要求，如色彩的协调和形状的统一；与普通光伏系统一样，必须要考虑光照条件，如安装位置、朝向和倾角等。光伏阵列由多个组串构成，同一组串或同一 MPPT 控制器的不同组串中对应组件的方位角、倾角应保持一致，且组串最大功率点电压、开路电压应与逆变器 MPPT 电压范围与最大输入电压相匹配。光伏组串的串联数（N）一般应符合以下公式：

$$N \leqslant \frac{V_{inverter,max}}{V_{oc,stc}[1 + K_v(t_{min} - 25)]} \qquad (1.1\text{-}1)$$

$$\frac{V_{mppt,min}}{V_{pm,stc}[1 + K_v(t_{max} - 25)]} \leqslant N \leqslant \frac{V_{mppt,max}}{V_{pm,stc}[1 + K_v(t_{min} - 25)]} \qquad (1.1\text{-}2)$$

式中　$V_{inverter,max}$——逆变器最大直流电压输入，V；

$V_{oc,stc}$——标准测试条件下光伏组件开路电压，V；

$V_{pm,stc}$——最大功率点工作电压，V；

$V_{mppt,max}$——MPPT 的最大电压，V；

$V_{mppt,min}$——MPPT 的最小电压，V；

K_v——光伏组件开路电压温度系数，‰/℃；

t_{max} 和 t_{min}——分别为光伏组件最高和最低工作温度，℃。

光伏组件设计涉及太阳能电池类型（包括综合考虑外观色彩与发电量）与布置（结合组件大小、功率要求、电池片大小），组件的装配设计（组件的密封与安装形式），及建筑功能材料结合方式的设计（幕墙、真空玻璃、屋顶等）。

进行光伏系统设计时，要综合考虑建筑物所处地理位置和当地相关政策，如是否接近公共电网、是否允许并网、是否可以卖电给电网，以及用户需求等各方面信息来选择系统类型，即并网光伏系统或独立光伏系统。如果一般城市中分布式能源系统电网供电可靠，应考虑并网光伏系统；如果建筑远离电网或者电网常断电，则应考虑使用独立光伏系统。需要配置蓄电池等储能装置，可以综合利用多种可再生能源与储能设备，构成经济成本较低、供电储能可靠性更高的混合能源系统。除了确定系统类型，还要考虑逆变器、蓄电池等设备的选择，防雷、系统综合布线、感应与显示等环节设计。

5. 结构安全性和构造设计

建筑的寿命一般在 50 年以上，光伏组件的使用寿命则在 20 年以上，因此光伏建筑的结构安全性不可小觑。首先要考虑组件本身的结构安全。如高层建筑屋顶的风荷载较地面大很多，普通光伏组件的强度能否承受，受风变形时是否会影响到电池片的正常工作及造成安全隐患等。如玻璃幕墙相关技术规范中指出，中间的夹层密封材料应用 PVB 膜，它具有吸收冲击的作用，可防止冲击物穿透，即使玻璃破损，碎片也会牢牢粘附在 PVB 膜上，使产生的危害减少到最低程度，不会脱落伤人，保证建筑物的安全性能。此外，还要考虑固定组件连接方式的安全性，组件的安装固定需对连接件固定点进行相应的结构计算，并充分考虑到使用期内的多种最不利情况。

构造设计关系到光伏组件工作状况与使用寿命。在与建筑结合时，光伏组件的工作环境与条件发生了变化，其构造需要与建筑相结合，以求经济、实用、美观和安全。

6. 与其他节能技术有机结合

在光伏建筑设计过程中，要将光伏技术与其他节能技术进行结合，如通风技术、围护结构保温隔热技术等。太阳能电池发电时自身温度也会迅速上升，而温度的升高导致太阳能电池的发电效率降低，如果条件许可，可在光伏组件的背面附加合适的通风结构，以利于散热。

除了利用通风设计，还可以收集利用光伏组件产生的热能，设计成光电/光热混合系统，如在光伏组件背面铺设水管，在降低光伏组件温度及对环境热影响的同时还可以生产热水，一举两得。

1.2 建筑光伏系统分类

建筑光伏系统的分类方法有很多，与分布式光伏系统类似，主流分类形式包括按照光伏系统并网方式、光伏与建筑相结合的类型、光伏组件类型等，以下将逐一介绍。

1.2.1 按照光伏系统并网方式分类

按照光伏系统并网方式的不同，建筑光伏系统可以分为独立（stand-alone）光伏系统、并网（grid-connected）光伏系统和结合其他可再生能源的混合（hybrid）光伏系统。

1. 独立光伏系统

独立光伏系统是不与常规电力系统相连而独立运行的光伏系统，它通常以蓄电池作为储能元件。在白天太阳辐射充足时，光伏组件将产生的电能通过充放电控制器直接向直流负载供电，若系统中含有交流负载，则需配置逆变器将直流电转换为交流电，在满足负载需求的情况下，多余的光伏电力可以用于蓄电池充电，以应对天气情况和实时负载需求变化。当太阳辐射不足或者夜晚时，由蓄电池直接向直流负载提供直流电，或通过逆变器转换为交流电维持交流负载正常运转。图 1.2-1 为独立光伏系统示意图。需要注意的是，该系统根据光伏装机容量、储能容量设计，可能会由于天气情况波动带来一定的供电失败率，故在实际独立光伏系统的设计中，需考虑系统供电失败率（LPSP）。

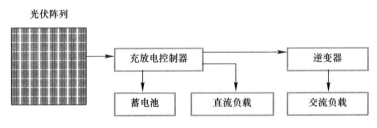

图 1.2-1　独立光伏系统示意图

2. 并网光伏系统

并网光伏系统与常规电力系统相连，和公共电网有电力交互。一定程度上，公共电网可以被视为一种储能元件，光伏阵列产生的直流电经过并网逆变器转换成符合公共电网要求的交流电，首先自发自用满足就地实时负荷需求，然后直接接入公共电网；或直接将产生的全部电力并入公共电网，此时，光伏系统相当于一个小型电站。当光伏系统产生的电力无法供应自身负载正常运转时，公共电网给予补充。图 1.2-2 为并网光伏系统示意图。

受天气变化的影响，在公共电网中大量接入可再生能源电力可能带来明显的电力波

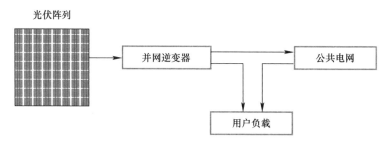

图 1.2-2　并网光伏系统示意图

动，且光伏发电曲线与用电峰谷曲线存在时间上的差异，并网光伏系统配备储能设备已经逐渐成为目前公认的选择，如我国已有及在建的抽水蓄能系统就是这种策略的体现。图 1.2-3 为并网光伏储能系统示意图。储能的引入势必带来明显的经济成本，所以储能容量的配置设计尤为重要。一般并网光伏储能系统的系统容量根据用户、电网、储能、可再生能源等多方面考量，需要兼顾技术性、经济性与系统表现等因素。

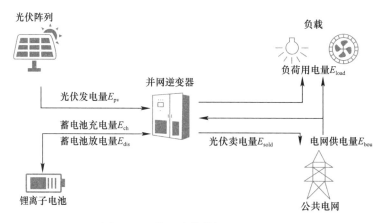

图 1.2-3　并网光伏储能系统示意图

并网光伏系统按照容量大小又可分为集中式大型并网系统（多为地面电站）和分布式小型建筑并网光伏系统。建筑光伏系统通常属于后者，它的特点是白天光伏系统的发电量大而负载耗电量小，晚上光伏系统不发电而负载耗电量大，因此与电网相连、配备储能设备是解决光伏电力与负荷电力时间上不匹配的主要选择之一。

并网光伏系统是在城市电网中的光伏建筑一体化发电的默认类型，是大规模商业化应用的必由之路，与独立系统相比，并网光伏系统具有诸多优点：

（1）可以降低配置蓄电池等储能设备的容量，提高系统供电可靠性，降低系统成本及运行维护费用，有助于传统集中式市电电网向分布式智能电网的转变；

（2）多个独立且邻近的分布式光伏系统可以构成新型能源社区，在社区中配备相应的储能设备与不同特点的可再生能源电力，不仅可以促进可再生能源的就地消纳，还可以通过和市电电网的交互，为用户侧节省电费、赚取补贴、出售电力，带来经济收益，而在社区内的电力交互可以进一步降低用户用电成本；

（3）并网光伏系统自发自用、余电上网，或者全部出售可再生能源电力，可对公共电网起到调峰作用。

3. 结合其他可再生能源的混合光伏系统

结合其他可再生能源的混合光伏系统能够综合利用各种发电技术的优点，除了利用太阳能光伏发电外，还使用风力、潮汐、柴油机发电等作为备用发电的发电系统。混合光伏系统既可与公共电网相连形成并网光伏系统，也可配备蓄电池形成独立光伏系统。

风能和太阳能都属于大规模使用的可再生能源，风光互补是一种很好的综合发电方式，特别是应用在偏远海岛的独立光伏系统上。晴朗的白天一般风力比较小，因此可充分利用太阳光，以太阳能发电为主；而夜间无法利用太阳能发电，风力却往往比白天大，可利用风力发电，这样形成了昼夜互补的发电形式，整体发电曲线更为平滑。此外，风光互补也通常具有季节互补作用。很多地方冬季风速比较大，但太阳辐射弱，而夏季则相反。相比单独的风力或太阳能发电，风光互补发电系统显然具有明显的优势，但风力发电和光伏发电都容易受天气状况的影响，输出不稳定。对于比较重要的或对供电稳定性要求较高的负载，还需要考虑采用备用的柴油发电机、储能设备等，形成风力、光伏、柴油发电机、蓄电一体化的混合供电系统，降低电力输出对天气的依赖性，提高供电稳定性和可靠性。这种混合光伏系统比较适合在边远地区和海岛地区使用。

1.2.2 按照光伏与建筑相结合的类型分类

广义的光伏与建筑相结合有以下两种形式：一种是直接镶嵌型（BAPV），即在现有的建筑屋面或新建的建筑屋面或墙面上直接镶嵌光伏组件，使光伏组件与建筑相结合；另一种是建筑构件型（BIPV），是将光伏组件与新建的建筑屋面或墙面有机结合，使得光伏组件成为建筑围护结构的一部分。早期光伏建筑以前者为主，近期光伏建筑则逐渐向后者发展。在本书中，如无特别说明，光伏建筑采用的是广义的一体化，包括以上两种类型。

1. 直接镶嵌型

直接镶嵌型就是将封装好的光伏组件安装在建筑物的表面，再与逆变器、蓄电池、控制器、负载等装置相连，建筑物作为光伏组件的载体，起支撑作用，非常适合现有建筑。此时建筑中的光伏组件只是通过简单的支撑结构附着在建筑上，取下光伏组件后，建筑功能仍完整。

（1）与建筑屋顶相结合

如图 1.2-4 所示，与屋顶相结合，是建筑与光伏系统相结合的常见形式，对于光伏组件设计、定制程度要求较低，安装形式较为常规，发电表现受建筑影响较小，是光伏建筑的首选。安装在建筑物屋顶的光伏组件作为吸收太阳光的平面有其特有的优势：日照条件好，不易受遮挡；系统可以紧贴屋顶结构安装，减少风力的不利影响；光伏组件还可以替代保温隔热层遮挡屋面；与屋顶一体化的大面积光伏组件由于综合使用材料，不但节约了成本，单位面积上的太阳能转换设施的价格也可以大大降低。

图 1.2-4　建筑屋顶光伏系统
（图片来源：Maysun Solar）

（2）与建筑外墙相结合

建筑外墙是整个建筑中与太阳辐射接触面积最大的表面之一，特别是对于高层建筑而言。因此，由于屋顶面积有限，应该充分地利用外墙来收集太阳辐射。与光伏屋顶类似，将光伏组件紧贴建筑外墙安装，一方面利用光伏发电，另一方面也可以将其作为隔热层，降低建筑物室内的夏季冷负荷与冬季热负荷。

某数据中心的外墙光伏系统如图 1.2-5 所示，展示了建筑外墙和光伏系统相结合的实例。可以很明显地看出建筑外墙与光伏系统的关系，取下光伏系统后，建筑功能依然完整。

图 1.2-6 为韩国某老年人福利中心，建筑外墙安装了光伏系统，不仅可以将太阳能转化为电能，还可以在夏季减少围护结构的冷负荷。

图 1.2-5　某数据中心的外墙光伏系统
（图片来源：YINGLI）

图 1.2-6　韩国某老年人福利中心
（图片来源：WonKwang S&T Co.，Ltd.）

图 1.2-7 为重庆市荣昌区某光伏建筑的外墙，在建筑一侧安装了 19.61kWp 的光伏组件接收太阳能，预计年平均发电量为 13442kWh，发电的同时可起到一定隔热和隔声的作用。

图 1.2-7　重庆市荣昌区某光伏建筑的外墙
（图片来源：昊格集团）

2. 建筑构件型

将光伏组件和建筑构件有机结合是更完美的光伏建筑一体化利用。光伏组件以建筑材料的形式出现，成为建筑物不可分割的一部分，发挥建筑材料的基本功能，如遮风挡雨、隔热保温等，但一旦取下光伏组件，建筑也将失去这些功能。一般的建筑外围护结构采用涂料、瓷砖或玻璃幕墙，目的仅仅是保护和装饰建筑物。如果用光伏组件代替部分建筑材料，不仅满足了建筑的基本功能需求，还兼顾了光伏发电的作用，可谓一举两得，物尽其美。

（1）光伏组件与屋顶瓦片相结合

光伏屋顶除了常见的直接镶嵌型外，还有不少是以构件的形式出现的，即光伏组件与屋顶相结合，形成一体化的产品。比如太阳能电池瓦（光伏瓦）就是其中一种，图 1.2-8 为薄膜太阳能电池瓦，可以降低传统晶硅电池的温度效应。

图 1.2-8　薄膜太阳能电池瓦

除了常见的平板式太阳能电池瓦，为了适应弯曲的屋面，人们还设计了如图 1.2-9 所示独特的产品，薄膜太阳能电池被沉积在柔性衬底上，与瓦片结合后形成了弯曲的太阳能电池瓦。图 1.2-10 为太阳能电池瓦代替了部分普通瓦后的建筑外观。这样，太阳能电池瓦与原有建筑风格亦步亦趋，相得益彰。

图 1.2-9　弯曲的太阳能电池瓦　　　　图 1.2-10　太阳能电池瓦代替了部分普通瓦后的建筑外观

图 1.2-11 是一种基于彩色光伏、薄膜电池技术的新型光伏建筑一体化屋顶。2019 年中国北京世界园艺博览会的中国馆的屋顶使用了 1024 块碲化镉薄膜彩色透光光伏玻璃，构成 $80kW_p$ 的屋顶光伏系统。该设计兼顾建筑美学与可再生能源发电，组件透光率可达 40%，尺寸各异且颜色明亮，是我国光伏建筑一体化的典型案例之一。

图 1.2-12 则展示了光伏与传统瓦面屋顶的"低调"新结合。2019 年雄安商务服务中心采用太阳能电池瓦与普通陶瓦结合的方式，使用具有磨砂效果的太阳能电池瓦，在兼顾发电效率与整体建筑效果的同时，还可以有效避免光污染。

（2）光伏组件与建筑幕墙相结合

光伏幕墙是将光伏组件与建筑幕墙集成化，将光伏技术融入建筑幕墙后得到的一种新的建材形式。它突破了传统幕墙单一的围护功能，把传统幕墙试图屏蔽在外的太阳能转化为可利用的电能。光伏幕墙集发电、隔声、保温、安全、装饰功能于一体，充分利用了建筑物的表面和空间，赋予了建筑鲜明的现代科技和时代特色。

不同类型的太阳能电池均可应用于光伏幕墙，如晶硅电池和薄膜电池等。随着薄膜电池技术的日渐成熟，其在光伏幕墙领域显示出了独特的优势。薄膜电池可以大面积沉积，本身呈棕色透明，色调温和，衬底可以为刚性的导电玻璃或柔性不锈钢、聚合物等，可满足不同造型的需要。图 1.2-13 展示了各种类型的光伏幕墙。

图 1.2-11　一种基于彩色光伏、薄膜电池技术的
新型光伏建筑一体化屋顶
（图片来源：CGTN）

图 1.2-12　新型太阳能电池瓦
（图片来源：龙焱能源科技）

(a)

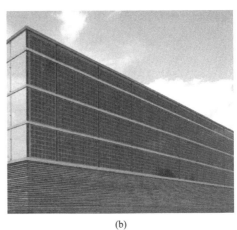

(b)

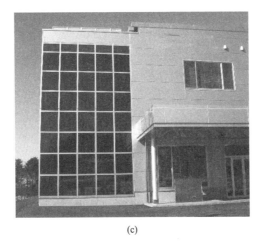

(c)

图 1.2-13　光伏幕墙案例
（a）多晶硅玻璃幕墙；（b）单晶硅玻璃幕墙；（c）薄膜太阳能电池玻璃幕墙

　　风格独特的法国阿莱斯旅游局大楼是在一座 11 世纪建成的教堂的遗址上改建而成的。

从正面看去，三个向外突出的结构增大了建筑的表面积，在垂直外墙上集成了光伏技术，
安装了半透明的光伏玻璃幕墙，总容量为
9.2kW$_p$（图 1.2-14）。在光伏幕墙的设计过程
中，为了满足建筑的美学需求和保持这座古老
教堂原有的古朴风貌，特别注意了光伏组件的
颜色问题，选择了在半透明的光伏组件上外镀
一层棕黑色的减反射薄膜。值得注意的是，减
反射薄膜还可以增加入射到太阳能电池表面的
太阳辐射，同时避免了玻璃反射太阳光造成的
潜在光污染问题。

（3）光伏组件与遮阳挡雨装置相结合

将光伏组件与遮阳挡雨装置相结合，可以

图 1.2-14　法国阿莱斯旅游局大楼
光伏玻璃幕墙

有效地利用空间。太阳光直接照射到遮阳板上，既产生了电能，又减少了室内的日射得
热，有效降低冷负荷。通过设计计算可以使得这两方面性能得到更好的匹配。另外，有许
多公共设施，如休闲长廊等，也可与光伏技术结合起来，形成亮丽的光伏长廊景观，为城
市增添现代化色彩。图 1.2-15 为香港科技园建筑中光伏组件与遮阳装置相结合的实例。

图 1.2-15　香港科技园建筑中光伏组件与
遮阳装置相结合

（图片来源：香港机电工程署）

图 1.2-16 中的光伏建筑一体化设计楼赢
得了 BREEAM（英国建筑研究院环境评估体
系）优秀称号。设计者将多项环保节能措施巧
妙地运用其中，利用光伏组件作为遮阳装置只
是其中的一项。光伏遮阳板在发电的同时有效
地减少了夏季室内冷负荷，包括光伏幕墙在内
的 110m^2 的光伏阵列每年可产出 7000kWh 的
电量，除满足自身需要外，还可将多余电量输
送到电网。

（4）光伏组件与天窗、采光屋顶相结合

光伏组件也可以用于天窗、采光屋顶等，
运用时需要考虑透光性能。实现透光的方式有多种，如玻璃衬底的薄膜电池本身就是透光
的；在组件生产时将电池片按一定的空隙排列，可以调节透光率；或光伏组件与普通玻璃
构件间隔分布，保证透光需求。图 1.2-17 展示了光伏组件与采光屋顶相结合的各种透光
方法。

图 1.2-18 展示了德国 Gelsenkirchen 的
Shell 太阳能电池生产厂。左图展示了其外观，
整个屋顶和外墙均由透光光伏组件构成；右图
是其内视图，可以很清晰地看到所采用的光伏
组件中的电池片间留有一定的间隙，满足了室
内采光需求的同时，还形成了光影斑驳的视觉
效果。作为太阳能电池生产厂，能够在其自身
建筑上运用光伏建筑一体化技术，起到了很好

图 1.2-16　光伏建筑一体化设计楼

的示范作用。

图 1.2-17　光伏组件与采光屋顶相结合的各种透光方法

图 1.2-18　德国 Gelsenkirchen 的 Shell 太阳能电池生产厂

　　图 1.2-19 展示了浙江省玉环商展中心应用双面光伏组件的典型案例，系统容量为 800kW$_p$，该建筑于 2022 年建成。在原有彩钢屋顶瓦网架构的基础上，通过安装分布式光伏系统，节省空调电费支出，解决屋顶漏雨问题，满足商场及电车充电桩用电需求，成为新能源汽车及分布式光储充放结合的示范案例。双面光伏组件发电效率较传统光伏组件最多可提升 20%。2022 年 10 月 28 日至 2023 年 5 月 9 日，该系统累计发电 37.65 万 kWh。

　　（5）光伏组件与阳台护栏、隔声屏障结合

　　光伏组件除了可以用于屋顶、外墙等基本建筑结构外，还可与其他建筑结构结合，如阳台护栏、隔声屏障等。图 1.2-20 和图 1.2-21 分别为光伏组件与阳台护栏和隔声屏障相结合的实例。双面光伏发电技术、彩色光伏镀膜技术对于路面隔声屏障的电学、美观等多方面都带来了极大的发展空间，图 1.2-22 为彩色双面光伏组件与隔声屏障相结合的实例。

图 1.2-19　双面光伏屋顶

（图片来源：《浙江省分布式光伏高质量典型案例集》）

图 1.2-20　光伏组件与阳台护栏相结合

图 1.2-21　光伏组件与隔声屏障相结合

1.2.3　按照光伏组件类型分类

目前，在光伏建筑领域，屋顶常用光伏组件包括发电效率较高的晶硅电池和便于表达建筑美学、设计理念的薄膜电池；立面与玻璃常用组件多为在弱光、高温条件下表现较好，易于塑性安装维护的薄膜电池。光伏建筑使用的光伏组件可以大体分为以下几类：

1. 刚性晶硅电池组件

刚性晶硅电池组件通常以玻璃为上盖板材料，背板材料可以是 PVF（聚氟乙烯）或玻

图 1.2-22　彩色双面光伏组件与隔声屏障
相结合

（图片来源：江苏远兴集团）

璃等，因此也就构成了不透光和透光两种类型的组件。应用刚性晶硅电池组件的光伏建筑数不胜数，此处选取一个综合应用的实例加以详细介绍。

图 1.2-23 为德国的 Academy Mont-Cenis Herne 光伏建筑，无论是光伏系统的规模、集成的技术，还是建筑学设计，这座建筑都达到了一个全新的高度。所运用的电池组件包括单晶硅和多晶硅两种类型（其中单晶硅电池效率为 16%，多晶硅电池效率为 12.5%），它

们被集成到了采光屋顶及光伏幕墙项目中，光伏组件的装机总容量超过了 $1MW_p$。其中，2900 块电池组件构成了 $9800m^2$ 的光伏屋顶，容量为 $925kW_p$，另外 284 块电池组件被集成到西南侧的光伏幕墙上，面积约为 $800m^2$，容量为 $75kW_p$。

为了达到在采光的同时还能够有效地阻挡部分阳光进入室内的目的，设计师通过计算调节了电池片间的间隙，选取应用了 6 种不同透光度的光伏组件，并结合玻璃窗格 [图 1.2-23 （b）] 组成了"云彩"似的图案 [图 1.2-23 （c）]。每个光伏阵列均以 5°倾斜 [图 1.2-23 （d）]，以便让雨水冲刷光伏组件表面，保持表面清洁。光伏组件的力学性能完全满足建筑需求，人可以在屋顶上自由行走，并且维修方便。

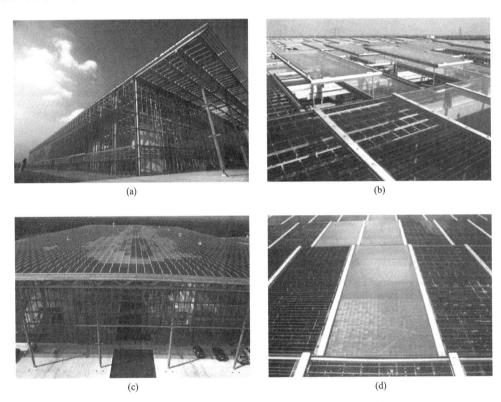

      (a)   (b)

      (c)   (d)

图 1.2-23　德国 Academy Mont-Cenis Herne 光伏建筑

图 1.2-24　英国铜铟镓硒电池光伏外墙

2. 刚性薄膜电池组件

刚性薄膜电池组件是目前薄膜电池领域商用最广的，而像图 1.2-24 这样大面积应用铜铟镓硒（CIS）电池组件的案例，在近几年的新兴案例中并未大量出现，这是由于传统非晶硅电池组件能量转换效率较低。而在不久的将来，钙钛矿叠层电池可能会成为新的商用刚性薄膜电池组件主流。

3. 柔性薄膜电池组件

柔性薄膜电池一般以聚合物或不锈钢等材

料作为衬底，薄膜以物理或化学的方法沉积到衬底上，再制备电极引出导线，经封装后成为组件。德国的一栋以不锈钢为衬底的薄膜电池组件幕墙建筑，位于杜伊斯堡的蒂森克虏伯钢厂（ThyssenKrupp Stahl AG），它向人们展示了以柔性钢为基底的柔性薄膜电池组件幕墙（图 1.2-25），可以说是光伏幕墙领域极大的创新。这套系统由 1004 块光伏组件构成，幕墙面积约为 $1400m^2$，总容量为 $51.06kW_p$。电池类型为三结叠层薄膜电池，效率稳定在 8% 左右，并且制备过程中每块电池都连接有旁路二极管，使得单块电池的阴影效应对整个系统的输出影响降到最低。在两点的基础上，尽管垂直安装对于太阳能电池来说不是最佳角度，但系统每年仍可输出约 32000kWh 的电能。设计者还利用聚氨酯（PUR）硬质泡沫作为隔热层，减少了建筑热损失。

 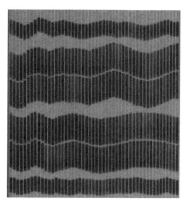

图 1.2-25　柔性薄膜电池组件幕墙

4. 柔性晶硅电池组件

随着太阳能电池技术的发展与改进，兼具高效与安装、维护便捷的柔性晶硅电池组件对建筑光伏系统的应用将会是极大的推动。但现阶段，大规模商用高效、轻质、大面积、低成本的柔性晶硅电池还在初探阶段。2023 年 5 月，中国科学院上海微系统与信息技术研究所研制出了一种应用于单晶硅组件的边缘圆滑处理技术，以实现柔性单晶硅太阳能电池弯曲半径小、角度大的功能。

图 1.2-26 为柔性晶硅电池组件案例，其展示了一种商业产品中通过金属穿孔绕卷技术改变晶硅电池间正负极点位与连接的方式，使得组件成为具有一定弯曲性能的新型商业组件，但其在建筑光伏系统中的寿命与实用性有待进一步验证。

图 1.2-26　柔性晶硅电池组件案例
（图片来源：日托光伏）

1.3　光伏建筑一体化系统主要部件

光伏系统通常包括光伏组件，蓄电池（组），充、放电控制器。若有交流负载或需并入电网，则还需要配置不同的逆变器。

1.3.1 光伏组件

光伏组件是光伏系统中的核心部分，也是光伏系统中价值最高的部分。其作用是通过光生伏打效应，将太阳辐射能转换为电能，所产生的电力可以直接供负载使用、送往蓄电池存储起来或传输到公共电网。随着技术、产业的发展，光伏组件的质量虽然依旧是决定整个系统发电量的核心，但其价格已经有明显下降，光伏电力度电成本在我国与市网电价相比已经具有相当的竞争力，平价上网已在一定程度上实现。

用于光伏建筑一体化系统的光伏组件种类繁多，根据太阳能电池片类型主要分为：单晶硅组件、多晶硅组件、非晶硅电池组件、铜铟镓硒电池组件、碲化镉电池组件、钙钛矿叠层电池组件等，其中晶硅（包括单晶硅和多晶硅）电池组件约占市场的 90% 以上份额。

美国可再生能源实验室记录了历年来实验室光伏组件获得认证的效率。叠层、异质结晶硅电池是获得高发电效率的主流，而下一个市场风口可能是钙钛矿叠层光伏组件。

图 1.3-1 给出了几种常见的光伏组件类型。光伏组件中的晶硅单体电池的面积一般为 $4\sim100cm^2$，输出电压只有 $0.45\sim0.50V$，电流密度为 $20\sim25mA/cm^2$，峰值功率仅为

(a)　　　　　　(b)　　　　　　(c)　　　　　　(d)

(e)　　　　　　　　　　　(f)

图 1.3-1　常见光伏组件类型

(a) 不透光单晶硅组件；(b) 透光单晶硅组件；(c) 不透光多晶硅组件；

(d) 透光多晶硅组件；(e) 刚性薄膜电池组件；(f) 柔性薄膜电池组件

1W 左右。晶硅电池本身薄而脆，不能经受大的冲击，且易被腐蚀，若直接暴露于大气中，光电转化效率很快就会因受到大气中的水分、灰尘和腐蚀性物质的作用而下降，以至失效。因此，单体太阳能电池不能单独使用，一般必须通过胶封、层压等方式封装后使用。单个光伏组件的功率因封装电池的数量不同而不同，使用较多的单晶硅光伏组件配置为：每个组件包含 20 个串联组，每个组有 3 片电池，总共 60 片电池；或者每个组件包含 24 个串联组，每个组有 3 片电池，总共 72 片电池。这些组件以并联的方式连接。实际使用时，可根据负载需求，再将光伏组件串、并联形成大功率的供电系统，这就是光伏阵列，如图 1.3-2 所示。

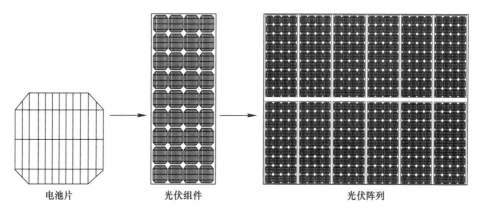

电池片　　　　　　　光伏组件　　　　　　　　光伏阵列

图 1.3-2　电池片、光伏组件、光伏阵列的构成关系

　　光伏组件的封装方式很多，一般将电池片的正面和背面各用一层透明、耐老化、粘结性好的胶粘剂包封，然后上下各加一块盖板，通过真空封装层压方式使这几部分粘合成为整体，构成一个实用的光伏组件。常用的上盖板材料有钢化玻璃、PVF、PMMA（俗称有机玻璃）板或 PC（聚碳酸酯）板等。最为常用的是低铁钢化玻璃，它的特点是透光率高、抗冲击能力强、使用寿命长。胶粘剂要求具有较高的耐湿性和气密性，主要使用环氧树脂、有机硅树脂、EVA、PVF 或 PVF 复合薄膜等材料。底板一般使用钢化玻璃、铝合金、有机玻璃、TPF（热塑性聚氨酯薄膜）等材料。不透明材料作为底板的光伏组件已经广泛应用到建筑物中，如光伏屋顶，这类组件被形象地称为太阳能电池瓦（或光伏瓦）。近年来，随着光伏建筑一体化在我国的推广，各光伏组件制造厂纷纷推出双面玻璃光伏组件、中空玻璃光伏组件，如图 1.3-3 和图 1.3-4 所示。与普通组件相比，这两种组件利用玻璃代替 TPE 热塑性弹性体（或热塑性塑料 TPT）作为组件背板材料，这样得到的组件美观，具有透光率高的优点，可以作为光伏幕墙、采光顶和遮阳棚等使用。光伏组件的可靠性在很大程度上取决于封装材料和封装工艺。通常要求组件能正常工作 25～30 年以上，光伏组件各部分所使用的材料寿命应尽可能相互一致，因此要注意材料选取，并采用先进的封装工艺。此外，随着光伏建筑一体化的大规模发展，光伏组件作为一种建筑材料，如何丰富其类型，满足不同建筑审美需求，同时不断提高其产品性能，是值得进一步努力的。

1.3.2　蓄电池

　　由于太阳辐射总是处在不断变化的过程中，不同时段的太阳辐射值差异很大，造成光

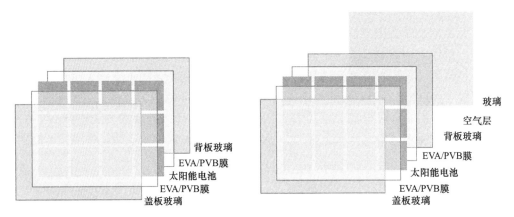

图 1.3-3　双面玻璃光伏组件结构　　　　图 1.3-4　中空玻璃光伏组件结构

伏系统的输出功率波动频繁，电力生产量与电力负载之间无法匹配，电力负载无法获得持续而稳定的电能供应。为了解决这个问题，对于独立光伏系统，使用能量储存装置将光伏系统产生的电能暂时储存起来，能够较为方便地协调电能的输出量、使用量和储存量。蓄电池是独立系统和部分混合系统广泛使用的一种电能存储装置，其原理是在有太阳辐射时将光伏组件产生的电能储存起来，到需要的时候再释放出来。蓄电池不仅要具备可以长时间供应电力需求的能力，也要具备在短时间内提供大量电力的能力。随着主要光伏组件成本的下降，蓄电池的成本与性能成为影响光伏系统成本、灵活性的主要影响因素。

对于长期运行的蓄电池系统而言，主要需要满足以下要求：

（1）寿命长；

（2）自放电率低；

（3）具有深循环放电性能；

（4）充放电循环寿命长；

（5）对过充电、过放电耐受能力强；

（6）具有较高的充放电效率；

（7）低运行维护费用。

光伏系统中的蓄电池，一般使用传统的电化学类蓄电池，原因之一是光伏系统产生的是直流电，此类蓄电池因具有直流电特性，可以直接与光伏系统相连接。目前使用最多的电化学类蓄电池包括铅酸蓄电池、锂离子电池和镍镉电池。

铅酸蓄电池的电动势是 2V，也就是额定电压为 2V。日常见到的铅酸蓄电池产品都是由多个蓄电池单元内部串、并联组成的蓄电池组，提供的电压是 2V 的整倍数。铅酸蓄电池的正极储能材料为结晶细密、疏松多孔的二氧化铅（PbO_2），负极以海绵状的金属铅（Pb）作为储存电能的物质，正、负极储存电能的物质统称为活性物质。电解质是质量分数为 27%～37% 的硫酸（H_2SO_4）溶液。在铅酸蓄电池充、放电过程中，正、负极活性物质和电解液同时参与化学反应。充电时，在正、负极上通入合适的直流，正极材料硫酸铅变成棕褐色多孔二氧化铅，负极材料硫酸铅变成灰色的海绵状铅；放电时，正、负极材料都吸收硫酸，逐渐变成硫酸铅，当大部分活性物质变成硫酸铅后，蓄电池的电压下降至不再放电。铅酸蓄电池就是这样完成充、放电循环的。铅酸蓄电池的电极反应如下：

充电反应式：

$$正极：PbSO_4+2H_2O\longrightarrow PbO_2+4H^++SO_4^{2-}+2e^-$$

$$负极：PbSO_4+2e^-\longrightarrow Pb+SO_4^{2-}$$

$$总反应：2PbSO_4+2H_2O\longrightarrow PbO_2+2H_2SO_4+Pb$$

放电反应式：

$$正极：PbO_2+4H^++SO_4^{2-}+2e^-\longrightarrow PbSO_4+2H_2O$$

$$负极：Pb+SO_4^{2-}\longrightarrow PbSO_4+2e^-$$

$$总反应：PbO_2+2H_2SO_4+Pb\longrightarrow 2PbSO_4+2H_2O$$

随着电池技术的发展，锂离子电池，特别是磷酸铁锂电池在工商业中的应用越来越广泛。得益于其充、放电速率快，放电深度深，能量密度高带来的灵活性，在光伏建筑一体化系统中该类型电池占据电力储能的一大部分。锂离子电池充、放电时发生如下反应：

充电反应式：

$$正极：LiFePO_4\longrightarrow Li_{1-x}FePO_4+xLi^++xe^-$$

$$负极：xLi^++xe^-+6C\longrightarrow Li_xC_6$$

$$总反应：LiFePO_4+6xC\longrightarrow Li_{1-x}FePO_4+Li_xC_6$$

放电反应式：

$$正极：Li_{1-x}FePO_4+xLi^++xe^-\longrightarrow LiFePO_4$$

$$负极：Li_xC_6\longrightarrow xLi^++xe^-+6C$$

$$总反应：Li_{1-x}FePO_4+Li_xC_6\longrightarrow LiFePO_4+6xC$$

用户一般会关注电池额定容量，充、放电深度（Depth of Discharge，DoD），能量储存密度，电池循环次数等关键参数以配备蓄电池。在近几年的系统研究中，蓄电池寿命一般取日历寿命与循环次数寿命中的较小值。在实际使用过程中，应关注电池运行温度、最大充放电功率，以避免电池过热、放电深度低等危害。

除了铅酸蓄电池，镍镉电池也常用于光伏系统。与铅酸蓄电池相比，镍镉电池具有更长的寿命，它的内阻低，允许大电流输出，比能量高，可以完全放电，并可在低温下工作，总体性能比铅酸蓄电池要好，但其价格较高，电池效率较低。镍镉电池采用 $Ni(OH)_2$ 作为正极，CdO 作为负极，碱液（主要为 KOH 溶液）作为电解液。镍镉电池充、放电时发生如下反应：

充电反应式：

$$正极：Ni(OH)_2+OH^-\longrightarrow NiOOH+H_2O+e^-$$

$$负极：Cd(OH)_2+2e^-\longrightarrow Cd+2OH^-$$

$$总反应：2Ni(OH)_2+Cd(OH)_2\longrightarrow 2NiOOH+Cd+2H_2O$$

放电反应式：

$$正极：NiOOH+H_2O+e^-\longrightarrow Ni(OH)_2+OH^-$$

$$负极：Cd+2OH^-\longrightarrow Cd(OH)_2+2e^-$$

$$总反应：2NiOOH+Cd+2H_2O\longrightarrow 2Ni(OH)_2+Cd(OH)_2$$

蓄电池在整个光伏系统中是最薄弱的一环，因为它的寿命远比其他构件短。目前在光伏系统的全寿命周期内，蓄电池在独立光伏系统中所占的成本比例还比较高，因此在城市里应尽量使用配置较低容量蓄电池的并网光伏系统，而偏远地区的独立光伏系统一般要求蓄电池容量能满足 5～7 天的系统负荷需求。

1.3.3　充、放电控制器

充、放电控制器是独立光伏系统中最基本的控制电路，也是必不可少的电路，它通常和 MPPT 控制器一并使用，共同调控光伏输出，蓄电池充、放电与负荷电力供给等多项系统操作。它的基本原理如图 1.3-5 所示。独立系统不论大小，都离不开充、放电控制器。其作用是控制整个系统的工作状态，并防止蓄电池过充电和过放电，即当蓄电池已完成充电时，充电控制器就不再允许电流继续流入蓄电池内；同样，当蓄电池的电力输出到一定程度，剩余电量不足时，放电控制器就不再允许更多的电流从蓄电池输出，直到它再被充电为止。在温差较大的地方，合格的充、放控制器还应具备温度补偿的功能。

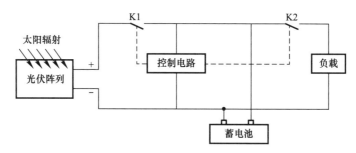

图 1.3-5　充、放电控制器基本原理

对光伏系统的充、放电进行调节控制是光伏系统的一个重要功能。对于小型系统，可以采用由简单的控制器组成的系统来实现，对于中、大型光伏系统，则需要采用功能更为复杂的控制设备组来实现。在光伏系统中使用的充、放电控制器必须具备以下几项基本功能：

（1）防电池过充电、过放电的功能；

（2）提供负载控制的功能；

（3）提供系统工作状态信息给使用者和操作者的功能；

（4）提供备份能源控制接口功能；

（5）将光伏系统富余电能给负载消耗的功能；

（6）提供各种接口（如监控）的功能。

目前充、放电控制器一般集成于逆变器中，一般离网储能系统可以先用离网逆变器或离并网一体逆变器满足对应系统的控制需求。

1.3.4　逆变器

太阳能电池所产生的电为直流电，但是许多负载需要的是交流电，因此需要直、交流电力转换装置。逆变器的功能就是将直流电转换成为交流电，是"逆向"的整流过程，因此称为"逆变"。由于交流电压中除含有较大的基波成分外，还可能含有一定频率和振幅的谐波，逆变器除了能将直流电转换成交流电，还具有自动稳压的功能。因此，当光伏系统应用于交流负载或并网输电时，逆变器可以提高光伏系统的供电质量。光伏系统对逆变器的要求如下：

（1）要求具有较高的效率。为了最大限度地利用太阳能电池，提高系统效率，必须设法提高逆变器的效率。目前一般逆变器正常工作效率可达 90％以上，在合理工作电压段工作效率高于 95％。

（2）要求具有较高的可靠性。为了降低逆变器维护的难度和成本，要求逆变器具有合理的电路结构，并要求逆变器具备各种保护功能，如输入直流极性接反保护，交流输出短路保护，过热、过载保护等，在香港应用逆变器时还需要内置或外置变压器。

（3）要求直流输入电压有较宽的适应范围。太阳能电池的端电压随负载和日照强度的变化而变化。虽然蓄电池对太阳能电池端电压具有一定的稳定作用，但蓄电池的电压也会随蓄电池剩余容量和内阻的变化而波动，特别是当蓄电池老化时其端电压的变化范围很大，如 12V 的蓄电池，其端电压可能会在 10～16V 之间变化。这就要求逆变器必须在较大的直流输入电压范围内正常工作，并保证交流输出电压的稳定性。

（4）在大、中容量光伏系统中，逆变电源的输出应为失真度较小的正弦波。这是由于在大、中容量光伏系统中，若采用方波供电，输出将含有较多的谐波分量，高次谐波会产生附加损耗。许多光伏系统的负载为通信或仪表设备，这些设备对电网品质有较高的要求，当大、中容量的光伏系统并网运行时，为避免对市电电网的电力污染，也要求逆变器输出正弦波电流。

除了集成上述多种功能，逆变器还是能量转换、数据传输、系统控制的核心部件。在智能电网、万物互联的大背景下，承载着系统智能控制与数据传输任务的逆变器十分重要。按照接入系统与市电电网的关系，逆变器可以分为离网逆变器、并网逆变器与离并网一体逆变器。根据接入光伏组串的大小不同，逆变器可以分为微型逆变器、组串式逆变器、集中式逆变器（图 1.3-6）。对于小型分布式电站来说，微型逆变器与组串式逆变器是较为常用的选择，微型逆变器检测、维修便捷，可以有效提高系统发电效率，但成本居高不下，在项目投资中可以权衡用户需求，选择合适类型的逆变器。

  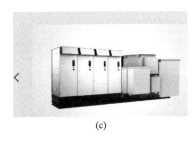

(a) (b) (c)

图 1.3-6 不同逆变器产品示意图

（a）微型逆变器；（b）组串式逆变器；（c）集中式逆变器

（图片来源：搜狐、GOODWE、SUNGROW）

本章参考文献

［1］ DING L，ZHU Y，ZHENG L，et al. What is the path of photovoltaic building（BIPV or BAPV）promotion? —The perspective of evolutionary games ［J］. Applied Energy，2023，340：121033.

［2］ 杨洪兴，吕琳，彭晋卿，等. 太阳能建筑一体化技术与应用：第 2 版 ［M］. 北京：中国建筑工业

出版社，2015.

［3］ JOACHIM BENEMANN, OUSSAMA CHEHAB, ERIC SACHAAR-GABRIAL. Building-integrated PV modules［J］. Solar Energy Materials & Solar Cells, 2001, 67：345-354.

［4］ S. R. WENHAM, M. A. GREEN, M. E. WATT, et al. 应用光伏学［M］. 狄大卫, 高兆利, 韩见殊, 译. 上海：上海交通大学出版社, 2008.

［5］ 江亿. 建筑运行用能低碳转型导论［M］. 北京：中国科学技术出版社，2023.

［6］ ZHANG Y, LIU X, CHEN Z, et al. Sizing method and operating characteristics of distributed photovoltaic battery system［J］. CIESC Journal, 2021, 72：503-511.

［7］ BRIAN. Rooftop photovoltaic system: lower energy bills and raise knowledge about the environment ［EB/OL］. （2023-09-10）［2024-2-05］. https://www. maysunsolar. com/blog-rooftop-photovoltaic-system-lower-energy-bills-and-raise-knowledge-about-the-environment/.

［8］ YINGLI. BIPV facade system｜pv+data center demonstration project［EB/OL］.［2024-02-05］. https://www. gainsolarbipv. com/photovoltaic-ventilated-facade/PV% 20 ＋% 20Data% 20Center% 20Demonstration％20Project. html.

［9］ WonKwang S&T Co., Ltd.. Solar power plant senior welfare center, incheon namdonggu - BIPV ［EB/OL］.［2024-02-05］. http://www. wksnt. com/eng/bbs/board. php? bo_table＝pub05_en&wr_id＝144.

［10］ 昊格集团. 荣昌区吴家镇政府分布式光伏幕墙项目竣工［EB/OL］.［2024-02-05］. https://www. hg-energy-group. cn/news/flexible-pv-modules-1115/.

［11］ CGTN. Beijing Expo 2019：Rustic ambient beauty of the China Pavilion［EB/OL］. （2019-04-26）［2024-04-25］. https://news. cgtn. com/news/3d3d414e33636a4d34457a6333566d54/index. html.

［12］ 龙焱能源科技. 雄安商务中心［EB/OL］.［2024-04-25］. http://www. advsolarpower. com/case/case-info/7/251.

［13］ 香港机电工程署. 可再生能源在中国香港的应用［EB/OL］.［2024-02-05］. https://www. emsd. gov. hk/energyland/sc/energy/energy_use/application. html.

［14］ 江苏远兴集团. 双面太阳能光伏发电声屏障［EB/OL］.［2024-02-05］. https://www. jsyxep. com/about_jsyf/smtyngffdspz4ed. html.

［15］ 日托光伏. S系列-柔性组件［EB/OL］.［2024-02-05］. https://www. sunportpower. cn/products/＃eluidceb61fc8.

［16］ 潮电智库. 打卡岩芯电子，微逆年产能达200多万台［EB/OL］. （2024-01-27）［2024-02-20］. https://www. sohu. com/a/754621615_317547.

［17］ GOODWE. XS系列［EB/OL］.［2024-02-20］. https://www. goodwe. com/products/residential-inverters/xs-series.

［18］ SUNGOW. 光伏逆变器［EB/OL］.［2024-02-20］. https://cn. sungrowpower. com/pvinverter/product/11. html.

第2章　光伏建筑系统设计

2.1　光伏建筑构件最优倾角和朝向的确定

在光伏系统的设计中，光伏组件的安装形式和安装角度对光伏组件所能接收到的太阳辐射以及光伏系统的发电输出有很大的影响。光伏组件的安装形式有固定式和跟踪式两种。对于固定式光伏系统，一旦安装完成，光伏组件的方位角和倾斜角就无法改变。而安装了跟踪装置的光伏系统可以自动或定期手动调整光伏组件方位角、倾角以跟踪太阳方位，使光伏组件接收更多的太阳辐射。由于跟踪装置比较复杂，初投资和维护成本较高，在实际项目中大多采用固定式安装。

为了充分利用太阳能，必须科学地设计光伏组件的方位角与倾斜角。光伏组件的方位角是指光伏组件所在方阵的垂直面与正南方向的夹角（向东偏设定为负角度，向西偏设定为正角度）。在北半球，光伏组件朝向正南方向（即光伏组件所在方阵的垂直面与正南方向的夹角为0°）时，光伏组件的发电量最大。倾斜角是指光伏组件平面与水平面的夹角。倾斜角对光伏组件能接收到的太阳辐射影响很大，因此在方位角受制于现实环境条件时，确定光伏组件的最佳倾斜角非常重要。确定光伏系统的最佳倾斜角时需考虑的因素因系统类型而异。在独立光伏系统中，由于受到蓄电池荷电状态、负荷实时需求情况等因素的限制，确定光伏组件最佳倾斜角时要综合考虑光伏组件平面上太阳辐射的连续性、均匀性和最大性，而对于并网光伏系统，通常是根据全年获得最大太阳辐射量来确定的，这就导致同一地区一般离网系统的光伏组件最佳倾斜角高于当地纬度角，而并网系统的光伏组件最佳倾斜角小于或等于当地纬度角。

2.1.1　关于最佳倾斜角的研究及不足之处

设计过程中，光伏系统的效率在很大程度上取决于光伏组件的方位角和倾斜角。光伏组件的设计安装，首先需要最大限度降低遮挡物对其的影响，再设计该情况下最佳的方位角和倾斜角，尽可能多地吸收太阳辐射。以前关于光伏组件最佳倾斜角的研究大多是针对特定区域进行定性和定量的分析。对于太阳能的一般应用来说，光伏组件在北半球的最佳安装朝向是正南方向，而最佳倾斜角则为当地的纬度的函数：

$$\beta_{opt} = f(\phi) \tag{2.1-1}$$

式中　β_{opt}——最佳倾斜角，°；

ϕ——当地纬度，°。

Duffie 和 Beckman 给出的最佳倾斜角的表达式为 $\beta_{\text{opt}} = (\phi + 15°) \pm 15°$，而 LEWIS 则认为 $\beta_{\text{opt}} = \phi \pm 8°$。Asl-soleimani 指出，为了在德黑兰获得全年最大太阳辐射量，并网光伏系统的最佳倾斜角为 30°，比当地的纬度（35.7°）要小。CHRISTENSEN 和 BARKER 发现方位角和倾斜角在一定范围内变化时，对太阳辐射入射量的影响并不显著。

纵观以前的研究，有许多不足之处：①未能考虑逐时晴空指数的影响；②缺少全面具体的气象数据；③在计算中使用简化的天空模型。

为了提高计算结果的精确性，本书在计算最佳倾斜角时引用了各向异性的天空模型并提出了一种新的计算方法。此方法包含了逐时晴空指数对最佳倾斜角的影响，可以用来计算不同应用情况下（全年、季节和月）的最佳方位角和倾斜角。本节的主要内容包括：①在考虑逐时晴空指数的影响的基础上，分析光伏组件的倾斜角对太阳辐射入射量的影响；②分析光伏组件在不同应用情况下（全年、季节和月）的最佳倾斜角；③分析最佳倾斜角与当地纬度、地面反射率和当地气象情况（逐时晴空指数或大气透射率）等相关参数的关系。

2.1.2 最佳倾斜角的数学模型

通常，倾斜表面上的总太阳辐射量可以由其所获得的直射太阳辐射量、散射太阳辐射量和地面反射辐射量来表示，获得的太阳辐射逐时值可以表示为：

$$G_{\text{tt}}(i) = G_{\text{bt}}(i) + G_{\text{dt}}(i) + G_{\text{r}}(i) \tag{2.1-2}$$

式中 $G_{\text{tt}}(i)$——在 i 时刻倾斜表面上获得的总太阳辐射量，W/m^2；

$G_{\text{bt}}(i)$——在 i 时刻倾斜表面上获得的直射太阳辐射量，W/m^2；

$G_{\text{dt}}(i)$——在 i 时刻倾斜表面上获得的散射太阳辐射量，W/m^2；

$G_{\text{r}}(i)$——在 i 时刻倾斜表面上获得的地面反射辐射量，W/m^2。

对于一个确定的方位，最佳倾斜角可以通过求解下面的方程得出：

$$\frac{\text{d}}{\text{d}\beta}\left(\sum_{i=1}^{m} G_{\text{tt}}(i)\right)_{\beta_{\text{opt}}} = 0 \tag{2.1-3}$$

式中 m——计算过程总的小时数，h。对于全年的情况，m 取 8760h；对于一个季度，m 取 2160h；对于一个月，m 取 720h。

倾斜表面上获得的直射太阳辐射量 G_{bt} 可以表示为：

$$G_{\text{bt}} = G_{\text{bh}} \cdot \frac{\cos\theta}{\cos\theta_z} = G_{\text{bh}} \cdot R_{\text{b}} \tag{2.1-4}$$

式中 G_{bh}——水平面上可以获得的直射太阳辐射量，W/m^2；

θ——入射角（入射到某倾斜表面上的直射辐射和此表面法向方向的夹角），°；

θ_z——水平面上的入射角（也称为太阳的天顶角），°；

R_{b}——形状因子。

在确定入射角的时候可以利用 Duffie 和 Beckman 给出的一系列计算公式：

$$\cos\theta = \sin\delta\sin\phi\cos\beta - \sin\delta\cos\phi\sin\beta\cos\gamma + \cos\delta\cos\phi\cos\beta\cos\omega \tag{2.1-5}$$

$$\cos\theta_a = \cos\delta\cos\phi\cos\omega + \sin\delta\sin\phi \tag{2.1-6}$$

式中 δ——太阳的赤纬角（$-23.45° \leqslant \delta \leqslant 23.45°$），°；

ϕ——当地的纬度，°；

β——倾斜面的倾角,°;

γ——倾斜面的方位角,°;

ω——时角(上午为负值,下午为正值),°。

太阳的赤纬角 δ 可以根据 Cooper 方程表示为:

$$\delta = 23.45 \sin\left(360 \times \frac{284+n}{365}\right) \tag{2.1-7}$$

式中　n——全年的第 n 天,取值范围是 $1 \sim 365$。

倾斜表面上获得的地面反射辐射量 G_r 可以表示为:

$$G_r = \frac{\rho_0}{2} \cdot G_{th} \cdot (1-\cos\beta) \tag{2.1-8}$$

式中　ρ_0——地面反射系数,有雪地面的地面反射系数可以定为 0.6,而无雪地面的地面
　　　　反射系数可以定为 0.2;

　　G_{th}——水平面上的总太阳辐射量,W/m^2。

倾斜表面上获得的散射太阳辐射量 G_{dt} 可以用 Reindl 模型(天空各向异性模型)来计算:

$$G_{dt} = G_{dh} \times \cos^2\left(\frac{\beta}{2}\right) \times (1-A_I)\left[1 + f \times \sin^3\left(\frac{\beta}{2}\right)\right] + G_{dh} \times A_I \times R_b \tag{2.1-9}$$

式中　G_{dh}——平面上的散射太阳辐射量,W/m^2。

$$A_I = \frac{G_{bn}}{G_{on}} = \frac{G_{bh}/\cos\theta_z}{G_0/\cos\theta_z} = \frac{G_{bh}}{G_0} \tag{2.1-10}$$

$$f = \sqrt{\frac{G_{bh}}{G_{th}}} \tag{2.1-11}$$

式中　G_{bn}——法向(垂直)面上的太阳直接辐射量(这是指向阳光直射的表面上测得的
　　　　直接辐射强度),W/m^2;

　　G_{on}——法向面上的全球太阳辐射量(包括直射辐射、漫反射辐射和地面反射辐
　　　　射),W/m^2;

　　G_0——大气层外层所在水平面上获得的太阳辐射量,W/m^2。其可以表示为:$G_0 = G_{sc}\left[1 + 0.033\cos\left(\frac{360n}{365}\right)\right](\cos\delta\cos\phi\cos\omega + \sin\delta\sin\phi)$,其中 G_{sc} 为太阳常
　　　　数,约为 $1353W/m^2$。

在上述计算过程中,G_{bh} 和 G_{dh} 为已知数值,但是大多数气象站只提供水平面上的总太阳辐射量。因此,需要寻找一个合适的计算方法,将总太阳辐射量分为直射太阳辐射量和散射太阳辐射量两部分。利用 Orgill 和 Hollands 提出的关于逐时散射率 G_{bh}/G_{th} 和晴空指数 k_T 的分段线性方程,Yik 求出了适用于香港的逐时散射率和晴空指数的关系式。

2.1.3　全年最佳倾斜角

通过研究发现,不同的方位角对应着不同的最佳倾斜角。在北半球常用的典型方位有东面($\gamma = -90°$)、东南面($\gamma = -60°$,$\gamma = -45°$,$\gamma = -30°$)、南面($\gamma = 0°$)、西南面($\gamma = 30°$,$\gamma = 45°$,$\gamma = 60°$),西面($\gamma = 90°$)。图 2.1-1 给出了不同方位角对应的香港全年最佳倾斜角和可以获得的最大太阳辐射量。

由图 2.1-1 可以看出，对于面向南面的光伏组件，获得全年最大太阳辐射量对应的最佳倾斜角为 20°（$\phi - 2.5°$）。与水平放置的光伏组件相比，位于最佳倾斜角的光伏组件可以多产生约 4.1% 的电能。对于光伏建筑一体化系统，光伏组件的倾斜角一般根据建筑墙面的形状和建筑师的设计来确定。因此分析方位角和倾斜角对光伏建筑一体化系统全年发电量的影响尤为重要（不同方位角和倾斜角对光伏组件全年可获得的太阳辐射量的影响见图 2.1-2）。

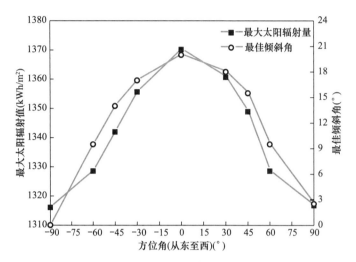

图 2.1-1　不同方位角对应的香港全年的最佳倾斜角和可以获得的最大太阳辐射量

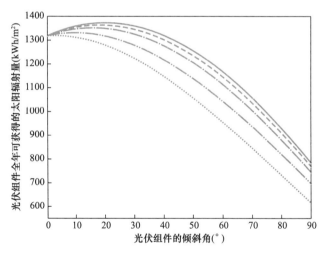

图 2.1-2　不同方位角和倾斜角对光伏组件全年可获得的太阳辐射量的影响

注：曲线从上至下的方位角依次为 0°、−30°、−45°、−60°、−90°。

图 2.1-2 表明，除去面向东面的布置情况，当倾斜角角度超过 40° 时，光伏组件可以获得的全年太阳辐射量显著降低。如果光伏组件为了与建筑墙面的设计一致而不得不垂直放置时，可以获得的全年太阳辐射量为 598.2kWh/m²（$\gamma = -90°$），与可以获得的最大太阳辐射量（1316.1kWh/m²）相比，降低了约 54.5%。

2.1.4　季节性以及每月的最佳倾斜角

对于大多数地区来说，相对于夏季，冬季的太阳辐照度一般较弱。因此，冬季应该作为独立光伏系统设计的基准点。通过计算可以得出冬季（12 月、1 月和 2 月）的最佳倾斜角。在香港，冬季可以获得最大太阳辐射量对应的方位是南面，相应的倾斜角为 41°（ϕ ＋ 18.5°）。在此情况下计算得出的太阳辐射量与全年可以获得的最大太阳辐射量相比，降低了约 4.3%。

如果光伏组件的倾斜角可以每月进行调整或者光伏组件只在特定的月份使用，则光伏组件所适用的倾斜角是不同的。对香港来说，最佳倾斜角的最大值出现在 12 月，可以达到 46°；而在 5 月、6 月和 7 月，最佳倾斜角则较小。

2.1.5　不同晴空指数下的最佳倾斜角

大气层外层所在水平面上获得的太阳辐射值 G_0 和晴空指数 k_T 共同决定了光伏组件可以获得的太阳辐射量。在香港，春季的晴空指数很小，导致春季的月均太阳辐射量较低。例如在 1989 年，香港 4 月的平均晴空指数只有 0.24，而 10 月则可以高达 0.48，全年平均晴空指数约为 0.39。

假定香港全年的晴空指数是定值，则面向南面布置的光伏组件的最佳倾斜角随着晴空指数的增加而变大，具体情况如图 2.1-3 所示。当全年的晴空系数为 0.4 时，全年最佳倾斜角为 14°（ϕ － 8.5°）；当全年的晴空系数为 0.6 时，全年最佳倾斜角为 22°（ϕ － 0.5°）；当全年的晴空系数为 1.0 时，全年最佳倾斜角为 26°（ϕ ＋ 3.5°）。

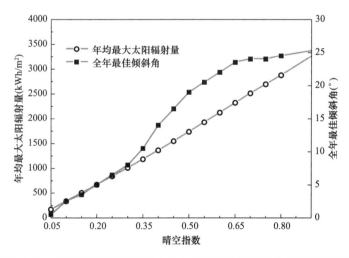

图 2.1-3　不同晴空指数下南面方向的光伏组件对应的全年最佳倾斜角

2.1.6　不同城市安装倾斜角参考

不同城市的光伏方阵最佳倾斜角参考值可以根据现行国家标准或行业标准进行选取。表 2.1-1 列举了我国部分城市的光伏方阵推荐倾斜角，详细推荐表请参考《光伏发电站设计规范》GB 50797—2012 附录 B。虽然由于气候条件差异，各个城市的具体光伏阵列推荐倾斜角有所差异，但一般独立光伏系统推荐倾斜角较大，以满足太阳辐照度较弱时系统的负荷需求；而并网光伏系统推荐倾斜角一般较低，以在夏季空调负荷需求较高时，实现更高的可再生能源实地消纳。在实际系统设计中，应在独立或并网光伏系统选择与其对应倾斜角的参考基础上，结合负荷需求、电网设施限制等情况，因地制宜进行调整。

我国部分城市光伏方阵推荐倾斜角 表 2.1-1

城市	纬度 ϕ（°）	斜面日均辐射量（kJ/m²）	日辐射量（kJ/m²）	独立光伏系统推荐倾斜角（°）	并网光伏系统推荐倾斜角（°）
广州	23.13	12702	12110	ϕ	$\phi-1$
沈阳	41.70	16563	13793	$\phi+1$	$\phi-8$
长春	43.90	17127	13572	$\phi+1$	$\phi-3$
上海	31.17	13691	12760	$\phi+3$	$\phi-7$
哈尔滨	45.68	15835	12703	$\phi+3$	$\phi-3$
杭州	30.23	12372	11668	$\phi+3$	$\phi-4$
北京	39.80	18035	15261	$\phi+4$	$\phi-7$
福州	26.08	12451	12001	$\phi+4$	$\phi-7$
南京	32.00	14207	13099	$\phi+5$	$\phi-4$
济南	36.68	15994	14043	$\phi+6$	$\phi-2$
贵阳	26.58	10235	10327	$\phi+8$	$\phi-8$
海口	20.03	13510	13835	$\phi+12$	$\phi-3$

注：引自《光伏发电站设计规范》GB 50797—2012 附录 B。

2.2 水平面倾斜光伏阵列最小间距的确定

光伏系统中，如果光伏组件采用阵列式布置，前排光伏组件会遮挡后排光伏组件，产生阴影。由于太阳能电池具有二极管特性，部分光伏电池在受到较为严重的遮挡时，就会如工作在反向电流下的二极管一样，一方面，某些功率将在光伏阵列内部被损耗掉，从而减弱整个系统的有效输出功率；另一方面，所损耗的功率还会导致太阳能电池发热，产生电池片表面热斑，显著降低光伏组件的寿命。因此，有必要确定光伏阵列的最小间距，至少确保在当地冬至日 9:00～15:00（当地真太阳时）间系统正常能有效地运行。

2.2.1 阴影对光伏系统的影响

在光伏系统设计中，可能出现的阴影分为随机阴影和系统阴影两种。随机阴影产生的原因、时间和部位都不确定。如果阴影持续时间很短，虽不会对光伏组件的输出功率产生明显的影响，但在蓄电池浮充工作状态下，控制系统有可能因为功率的突变而产生误动作，造成系统运行的不可靠。而系统阴影是由于周围比较固定的建筑、树木、建筑本身的女儿墙、冷却塔、楼梯间、水箱等遮挡而造成的。采用阵列式布置的光伏系统，其前排太阳能电池可能在后排太阳能电池上产生的阴影也属于系统阴影。

处于阴影范围的太阳能电池不能接收直射辐射，但可以接收散射辐射，虽然散射辐射也可以使电池工作，但两类辐射的强度差异仍然会造成输出功率的明显不同。如图 2.2-1

所示，阴影遮挡会降低太阳能电池片电流，在遮挡较为严重的情况下，被遮挡的太阳能电池片二极管会产生反向偏置，从供电组件变为耗电元件，出现局部温度大幅上升的现象，长此以往会使得光伏组件背板被烧穿，出现热斑现象。

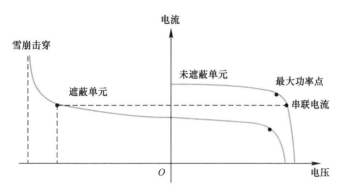

图 2.2-1　阴影遮挡对于太阳能电池片的影响

消除随机阴影的影响主要依靠光伏系统的监控子系统。对于系统阴影，则应注意回避诸遮挡物的阴影区，在前期场地检查时尽量规避可能出现的阴影区。就光伏组件来说，商业光伏组件默认加配旁路二极管，可以在一定程度上缓解阴影遮挡所带来的危害。对于阵列式的光伏系统，各光伏阵列间采用合理的最小间距可以消除系统阴影的影响。在遮挡无法避免时，改善光伏阵列的连接方式可以起到分流保护、降低热斑影响的效果；也可以在特定时间段直接断开光伏阵列连接，保护光伏组件免受不可逆损害。

2.2.2　光伏阵列最小间距的确定

为了避免光伏阵列之间的相互遮挡而影响其发电效率，不考虑光伏组件方位角时，两组光伏阵列间的距离 (d) 与该阵列的宽度 (a) 有如下的关系，见式（2.2-1）和图 2.2-2。

$$d/a = \cos\beta + \sin\beta/\tan\varepsilon \tag{2.2-1}$$

式中　β——光伏阵列的倾斜角，°；

　　　ε——前一排光伏阵列的遮挡角度［等于冬至日太阳正午时的方位角，计算式如见式（2.2-2）］，°。

$$\varepsilon = 90° - \delta - \phi \tag{2.2-2}$$

式中　δ——黄道面角度（23.5°），°；

　　　ϕ——当地纬度，°。

由式（2.2-1）和式（2.2-2）可以得到光伏阵列间距随纬度的变化关系。由图 2.2-3 可以看出，随着纬度的增加，前后两排光伏阵列间的距离也应不断增大，直到达到北极圈附近时，距离应增加到无限大。实际工程中，因为要考虑到便于光伏阵列和电气装置的安装、维护以及工作人员的操作，每排光伏阵列占用的面积应该比计算的稍大一些。

当考虑光伏方阵方位角 r 与太阳方位角 Z 时，两组光伏阵列的间距可以表示为：

$$d/a = \cos\beta + \sin\beta/\tan\varepsilon \times \cos(Z - r) \tag{2.2-3}$$

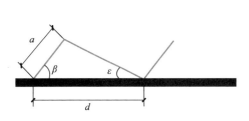

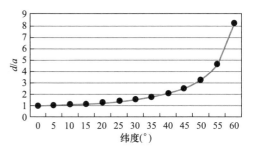

图 2.2-2　光伏阵列间距示意图　　　　图 2.2-3　纬度与光伏阵列间距的变化关系图

工程中常采用冬至日（赤纬角为 −23.45°）上午 9：00 或 15：00（太阳时角为 45°）时的数据计算，该式可以简化为：

$$d/a = \cos\beta + \sin\beta \frac{0.707\tan\phi + 0.4338}{0.707 - 0.4338\tan\phi} \tag{2.2-4}$$

2.3　并网光伏系统设计及其他相关内容

2.3.1　系统一般设计流程概述

图 2.3-1 展示了建筑光伏系统设计基本流程，主要包括现场勘察与场地评估、设计规范选用与设计要素确认、光伏系统构架与容量设计计算、光伏系统实际设计规范、现场安装与调试、验收与相关运维、实际发电性能评估与系统运行改进。现有研究主要针对光伏系统构架与容量设计计算、实际发电性能评估与系统运行改进，而在实际施工安装过程则需要考虑方阵设计、结构设计、电气安全设计等细节，详见《户用光伏并网发电系统　第 1 部分：现场勘察与安装场地评估》T/CPIA 0011.1—2019。

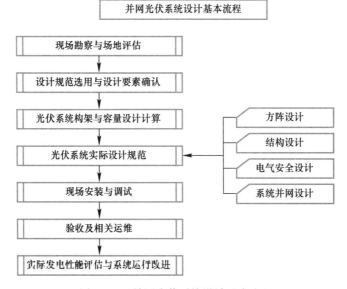

图 2.3-1　并网光伏系统设计基本流程

以下为各部分主要内容简述：

（1）现场勘察与场地评估。需要明确项目信息、场地条件、并网条件、政策支持与用户需求，给出项目可行性评级。场地图纸、屋面坡度、可利用面积、屋面材料结构、当地太阳能资源、居民电价、负荷类型与特点等信息需要在本阶段完成获取。场地评估包括地面评估、结构安全评估与电站可行性（朝向、阴影遮挡、并网条件）评估。

（2）设计规范选用与设计要素确认。在现场勘探与场地评估的基础上，选择合适的规范和设计准则，确定光伏系统组成与系统类型，对逆变器、并网箱、光伏组件、光伏支架、连接电缆、防雷接地材料等产品进行选择。同时，需仔细考虑光伏阵列的配置、结构、电气安全、系统接入要求。

（3）光伏系统构架与容量设计计算。光伏系统前期容量设计计算根据负荷、电网与当地气候条件，在场地方位角、可用面积、屋面坡度、电价政策等具体条件限制下，在用户经济性最佳、实地可再生能源消纳最多、电网交互最少等设计目标的指导下，给出系统容量初步设计推荐。

（4）光伏系统实际设计规范。在系统容量初步设计的基础上，方阵设计、结构设计、电气安全设计、系统并网设计为系统实际安装施工的具体指导。方阵设计指明系统安装方式、方阵倾角、方阵间距、排布与组串设计；结构设计校核支架风、雪等荷载，受弯、压、拉构件性能，及原有屋面承压能力；电气安全设计核验系统接地隔离、电击防护、绝缘故障保护、过电流保护、雷击和防电压保护（特别是电涌保护）情况；系统并网设计则关注系统与市电电网、用户电网的接入匹配，如接入适应性、启停、电能质量、安全保护、电能计量、通信、功率因数调节等。目前最常用的是采用双向智能电表计量的自发自用、余电上网模式。

（5）现场安装与调试。应完成光伏组串、逆变器、并网箱、防雷接地、监控模块与系统绝缘电阻调试检查要求。而项目验收需检查系统设备和系统结构，通过光伏组件、光伏方阵、光伏系统测试，提交验收报告。

（6）验收及相关运维。现场安装与调试完成后，系统的运行和维护也会很大程度上影响光伏系统的总收益，运行工作主要包括启停、监视检查、常规检查及处置、专业检查及处置、特殊检查及处置、故障诊断与处理及应急管理。

（7）实际发电性能评估与系统运行改进。在持续计量系统数据的基础上，可以对系统发电性能进行评估与改进，并提出因地制宜、与当地负荷和电网条件相匹配的系统运行能量控制策略。系统评估主要按照系统性能比（PR）、功率比来进行小规模、短期测量，使用等效发电时偏差率、交流输出功率偏差率来进行较大规模电站评估。

2.3.2　系统能量运行控制与容量设计浅析

如图 2.3-2 所示，在能量调度层面，常见的分布式光伏系统运行控制策略包括最大光伏自给率策略（MSC）与基于市场不同电价机制采取的分时策略（TOU）。最大光伏自给率策略是最常用的商业运行调度策略，也是一种改进策略的对比标杆。它在最大程度上使用光伏电力，当有储能设备时，将系统与电网的能量交互作为最后的备选路径。分时策略则基于市场电价的峰谷分时机制，在不同时间段尽量使用度电成本较低的选项，以获得更好的经济性，可以适当降低系统对于储能设备容量的要求。

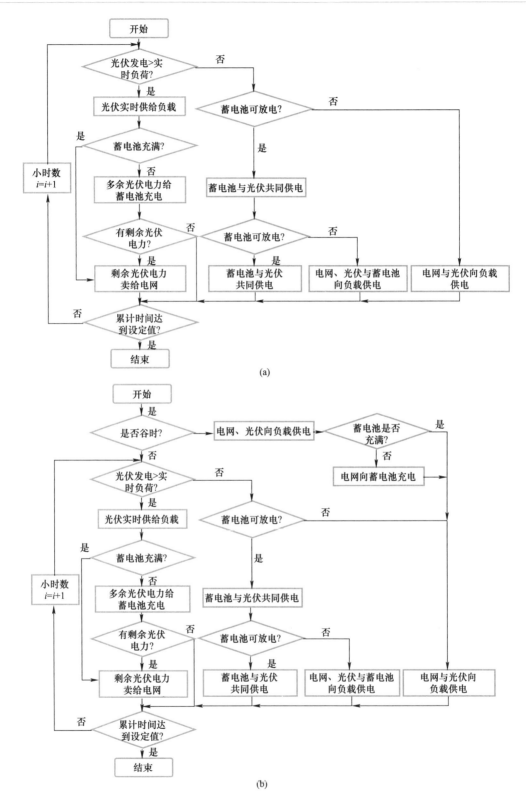

图 2.3-2 系统设计能量控制策略

（a）最大光伏自给率策略；（b）分时策略

系统容量设计除了和对应的系统运行策略相匹配，还与用户侧、发电侧、电网侧、储能侧等多角度需求的设计目标相关。针对于光伏建筑来说，系统设计应考虑技术、经济性长期表现，以下为几个常用评价指标：

（1）光伏自给率（也称光伏自消纳率）（SCR）是光伏发电量中直接或者通过蓄电池间接供给负载的能量比例，主要针对可再生能源电力使用情况，其定义为：

$$SCR = \frac{E_{du} + E_{ch}}{E_{pv}} \tag{2.3-1}$$

式中　E_{du}——光伏发电量中直接供给负载的电量，kWh；

　　　E_{ch}——光伏发电量中通过蓄电池间接供给负载的电量，kWh；

　　　E_{pv}——光伏发电量，kWh。

用户自给率（也称用户自保障率）（SSR）是负载所需电量中源于光伏发电量的比例，其定义为：

$$SSR = \frac{E_{du} + E_{dis}}{E_{load}} \tag{2.3-2}$$

式中　E_{dis}——负载所需电量中源于光伏直充的蓄电池放电量，kWh；

　　　E_{load}——建筑总用电量，kWh。

（2）净现值（NPV）是常用的系统经济性指标，表征系统全生命周期中回报与成本的差值，净现值越大，经济效益越好，其定义为：

$$NPV = -C_{in} + \sum_{i=0}^{n} \frac{-C_{Re}(i) - C_{O\&M}(i) + R(i) + S(i)}{(1+r)^i} \tag{2.3-3}$$

式中　C_{in}——系统初期投资成本，元；

　　$C_{Re}(i)$——系统第 i 年设备更新成本，元；

　$C_{O\&M}(i)$——系统第 i 年运维成本，元；

　　　$R(i)$——系统第 i 年收益，元；

　　　$S(i)$——系统第 i 年折旧收益，元；

　　　r——市场利率。

（3）平准化度电成本（$LCOE$）常解释为系统发电侧供给可再生能源电力的平均成本：

$$LCOE = \frac{\sum_{i=0}^{n} \frac{C_{pvtot}(i)}{(1+r)^i}}{\sum_{i=0}^{n} \frac{E_{pvtot}(i)}{(1+r)^i}} \tag{2.3-4}$$

式中　$C_{pvtot}(i)$——系统第 i 年发电侧总投资成本，元；

　　$E_{pvtot}(i)$——系统第 i 年发电侧总光伏电力输出，kWh。

本章参考文献

[1] YANG H, LU L. The optimum tilt angles and orientations of PV claddings for building-integrated photovoltaic (BIPV) applications [J]. Journal of Solar Energy Engineering, 2007, 129 (2): 253-255.

[2] ZHANG Y, MA T, YANG H. A review on capacity sizing and operation strategy of grid-connected

photovoltaic battery systems ［J］. Energy and Built Environment，2024，5（4）：500-516.

［3］ GOETZBERGER A，HOFFMANN V U. Photovoltaic Solar Energy Generation ［M］. Berlin：Springer，2005.

［4］ 杨洪兴，吕琳，彭晋卿，等. 太阳能建筑一体化技术与应用：第 2 版 ［M］. 北京：中国建筑工业出版社，2015.

［5］ FENG X Y，MA T. Solar photovoltaic system under partial shading and perspectives on maximum utilization of the shaded land ［J］. International Journal of Green Energy，2023，20（4）：378-389.

［6］ AGUACIL S，DUQUE S，LUFKIN S，et al. Designing with building－integrated photovoltaics （BIPV）：A pathway to decarbonize residential buildings ［J］. Journal of Building Engineering，2024，96：110486.

［7］ ABDELRAZIK A S，SHBOUL B，ELWARDANY M，et al. The recent advancements in the building integrated photovoltaic/thermal （BIPV/T） systems：An updated review ［J］. Renewable and Sustainable Energy Reviews，2022，170：112988.

［8］ YU G，YANG H，LUO D，et al. A review on developments and researches of building integrated photovoltaic （BIPV） windows and shading blinds ［J］. Renewable and Sustainable Energy Reviews，2021，149：111355.

［9］ WANG C，JI J，YANG H. Day-ahead schedule optimization of household appliances for demand flexibility：Case study on PV/T powered buildings ［J］. Energy，2024，289：130042.

［10］ S. R. WENHAM，M. A. GREEN，M. E. WATT，et al. 应用光伏学 ［M］. 狄大卫，高兆利，韩见殊，译. 上海：上海交通大学出版社，2008.

［11］ 中华人民共和国住房和城乡建设部. 光伏发电站设计规范：GB 50797—2012 ［S］. 北京：中国计划出版社，2012.

［12］ ABDELRAZIK AS，SHBOUL B，ELWARDANY M，et al. The recent advancements in the building integrated photovoltaic/thermal （BIPV/T） systems：An updated review ［J］. Renewable and Sustainable Energy Reviews，2022，170：112988.

［13］ 秦文军，李想. 中国光伏建筑一体化行业概况与发展前景 ［J］. 建筑学报，2019，（S2）：6-9.

［14］ 马涛. 光伏建筑一体化的应用与发展 ［J］. 建筑技术，2022，53（12）：1754-1756.

［15］ Y ZHANG，X LIU，Z CHEN，et al. Sizing method and operating characteristics of distributed photovoltaic battery system ［J］. CIESC Journal，2021，72：503-511.

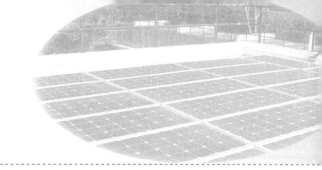

第3章 建筑围护结构中的光伏应用

3.1 真空光伏围护结构

为减少建筑能耗和相关的温室气体排放,开发高性能的节能环保型建筑围护结构已成为实现建筑领域碳中和的研究重点之一。近年来,光伏发电和真空玻璃技术的迅速发展为低能耗建筑的设计提供了新机遇。本节主要介绍真空光伏窗/玻璃幕墙以及真空光伏保温墙体的最新研究进展。

3.1.1 真空光伏窗/玻璃幕墙

真空光伏窗/玻璃幕墙(下文以真空光伏窗为例进行介绍)是光伏技术和真空玻璃技术的有机结合体,在改善室内光照环境和降低建筑能耗等方面可以发挥重要作用。太阳辐射被太阳能电池吸收后,一部分太阳辐射转化成电能可为建筑供电,而另外一部分则会转化成废热。光伏所产生的废热会导致窗体温度过高,从而使得空调制冷能耗升高,严重影响室内热环境。真空玻璃具有极佳的保温、隔热性能,其真空腔内气压极低,一般小于0.1Pa,极大程度地限制了玻璃之间的气体热传导和对流传热。将光伏玻璃与真空玻璃结合能充分地发挥两者的优势,并有效地抑制废热所带来的不良影响,从而大幅度地提高光伏窗或者玻璃幕墙的综合节能潜力。

1. 分类

真空光伏窗由光伏玻璃和真空玻璃组成。光伏玻璃中可以嵌入不同类型的太阳能电池,常用的太阳能电池包括晶硅太阳能电池、碲化镉太阳能电池、铜铟镓硒太阳能电池以及非晶硅太阳能电池等。真空玻璃则由两层玻璃、支撑柱以及封边材料组成。

如图 3.1-1 所示,真空光伏窗可按照其不同的构造方式分为夹胶型、一体型以及中空型等。不同结构的真空光伏窗具有各自的特点和优势。

夹胶型真空光伏窗是一种将单层光伏玻璃和真空玻璃通过热压成型形成的真空光伏窗。夹胶型真空光伏窗的构造依次包括光伏玻璃、粘结层(如 PVB 等材料)以及真空玻璃。制作夹胶型真空光伏窗的过程较为简单,但是该光伏窗由 4 层玻璃组成,因此相对较重,不利于运输和安装。

一体型真空光伏窗在制作过程中直接用真空玻璃替代了光伏玻璃的后侧玻璃,即仅由三层玻璃组成。相比于夹胶型真空光伏窗,一体型真空光伏窗更轻质,厚度更薄,因而在成本、运输、施工和安装等方面具有一定的优势。

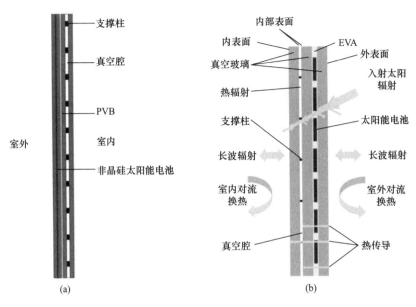

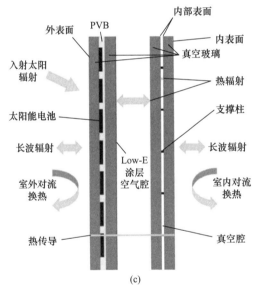

图 3.1-1　真空光伏窗

（a）夹胶型；（b）一体型；（c）中空型

中空型真空光伏窗是指在光伏玻璃与真空玻璃之间存在气体腔的真空光伏窗。尽管在重量方面中空型真空光伏窗没有优势，但经过优化的气体腔结构可显著提高真空光伏窗的保温隔热性能以及综合节能潜力。

2. 热传递系数与太阳得热系数

热传递系数（U 值）是评估窗户热性能的重要指标之一，窗户的 U 值越小，其保温隔热性能越佳。U 值的计算公式如下：

$$U = \frac{1}{1/h_{in} + R_{glazing} + 1/h_{out}} \tag{3.1-1}$$

式中　h_{in}——窗户内表面传热系数，W/(m² · K)；

$R_{glazing}$——复合玻璃层（包括玻璃层、气体腔、真空腔以及和任何其他嵌入层，如太阳
能电池、PVB 层等）的综合热阻，$(m^2 \cdot K)/W$；

h_{out}——窗户外表面传热系数，$W/(m^2 \cdot K)$。

窗户的太阳得热系数（$SHGC$）是影响建筑冷热负荷的重要因素，其定义是通过透光
围护结构进入建筑内的太阳辐射能量与入射到透光围护结构外表面的总太阳辐射能量的比
值。太阳得热系数由两部分组成，分别是透射部分和二次传热部分。太阳得热系数的计算
公式如下：

$$SHGC = \tau + q_i/q_{solar} \qquad (3.1\text{-}2)$$

式中　τ——窗户的太阳辐射透过率；

　　q_i——窗户吸收太阳辐射能量后通过二次传热进入室内的太阳辐射能量，W/m^2；

　　q_{solar}——入射到透光围护结构外表面的总太阳辐射能量，W/m^2。

如表 3.1-1 所示，使用伯克利实验室开发的 WINDOW 模拟软件对比分析了 6 种窗户
的光热数据。模拟结果显示，夹胶型真空光伏窗具有最小的 U 值和 $SHGC$。与双层玻璃
窗相比，夹胶型真空光伏窗的 U 值和 $SHGC$ 的降幅分别达到了 78.8% 和 79.7%。由此说
明，夹胶型真空光伏窗具有极佳的保温隔热性能和建筑节能潜力。

不同窗户的光热数据对比　　　　　　　　　　　表 3.1-1

窗户种类	结构	窗户厚度（mm）	可见光透过率	太阳辐射透过率	U 值 $[W/(m^2 \cdot K)]$	$SHGC$
单层玻璃窗	5.7mm 玻璃	5.7	0.884	0.771	5.540	0.817
双层玻璃窗	5.7mm 玻璃＋12.7mm 空气腔＋5.7mm 玻璃	24.1	0.786	0.607	2.630	0.703
真空玻璃窗	5.7mm 玻璃＋0.1mm 真空腔＋5.7mm 玻璃	11.5	0.693	0.344	0.648	0.391
非晶硅单层光伏窗	光伏玻璃	8.0	0.153	0.268	5.254	0.489
非晶硅中空光伏窗	光伏玻璃＋气体腔＋玻璃	25.7	0.136	0.195	2.584	0.354
夹胶型真空光伏窗	光伏玻璃＋PVB＋真空玻璃	20.8	0.120	0.076	0.557	0.143

注：真空玻璃窗中的支撑柱直径为 0.5mm，间距为 50mm，含 Low-E 涂层。

图 3.1-2 描述了 4 种不同结构或安装方式的真空光伏窗，分别包括一体型真空光伏窗
（真空层朝向室外侧）VPVG、一体型真空光伏窗（光伏层朝向室外侧）PVVG、中空型
真空光伏窗（真空层朝向室外侧）VPVDG 和中空型真空光伏窗（光伏层朝向室外侧）
PVVDG。

在表 3.1-2 的环境条件下，通过 COMSOL Multiphysics 对 4 种真空光伏窗进行三维
建模分析。

图 3.1-3 展示了 VPVG 的三维建模分析结果，在给定环境条件下（无入射太阳辐射），
VPVG 的温度分布情况如图 3.1-3（a）所示。VPVG 的室外侧玻璃温度最低，为
−16.9℃，室外侧玻璃和室内侧玻璃温差高达 33.6℃，说明 VPVG 具有出色的隔热能力。

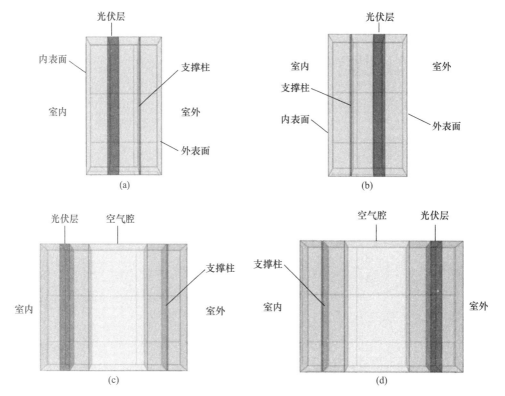

图 3.1-2　4 种不同结构或安装方式的真空光伏窗

（a）VPVG；（b）PVVG；（c）VPVDG；（d）PVVDG

COMSOL Multiphysics 模拟计算的环境条件　　　　　　　　　表 3.1-2

室外温度（℃）	室内温度（℃）	外表面传热系数 [W/(m² · K)]	内表面传热系数 [W/(m² · K)]
－18	21	29	7.7

　　如图 3.1-3（b）所示，由于支撑柱与室外侧坡璃直接接触，支撑柱周围的温度明显低于其他区域（即冷桥效应）。相比于光伏层的温度（16.6℃），支撑柱的温度急剧降低至0.2℃。图 3.1-3（c）和图 3.1-3（d）展示了热流穿过 VPVG 的过程，其中箭头代表热流

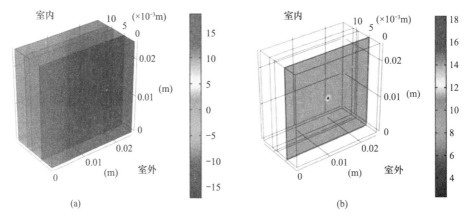

图 3.1-3　VPVG 的三维建模分析结果（一）

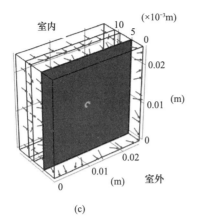

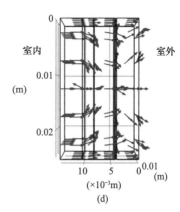

(c)　　　　　　　　　　　　　　　　(d)

图 3.1-3　VPVG 的三维建模分析结果（二）

的方向。在整个传热过程中，热流首先从室内侧玻璃向中间层玻璃均匀传导；然后由于冷桥效应，箭头逐渐向处于中央位置的支撑柱集中；最后，热流在室外侧玻璃处扩散。

4 种不同结构或安装方式的真空光伏窗的模拟结果见表 3.1-3。与一体型真空光伏窗（即 VPVG/PVVG）相比，中空型真空光伏窗（即 VPVDG/PVVDG）具有更低的 U 值。与 VPVG 相比，VPVDG 中的光伏组件温度更高（17.6℃），因此 VPVDG 的保温隔热性能更优。而 PVVDG 的光伏组件温度（－17.1℃）则略低于 PVVG。对比 VPVG 和 VPVDG 两种真空光伏窗的 U 值，加入 12mm 的空气腔体可将 U 值从 0.84W/(m^2·K)降低至 0.65W/(m^2·K)，降幅高达 22.6%。对比 PVVG 和 PVVDG 两种真空光伏窗的 U 值，加入 12mm 的空气腔体则可将 U 值从 0.84W/(m^2·K) 降低至 0.63W/(m^2·K)，降幅高达 25.0%。PVVDG 具有最佳的保温隔热性能，U 值最低。

4 种不同结构或安装方式的真空光伏窗的模拟结果　　　　　　　　　　表 3.1-3

玻璃种类	内表面温度 （℃）	外表面温度 （℃）	光伏组件温度 （℃）	U 值 [W/(m^2·K)]
一体型真空光伏窗（光伏玻璃 靠近室内）VPVG	16.8	－16.9	16.6	0.84
一体型真空光伏窗（光伏玻璃 靠近室外）PVVG	16.8	－16.9	－16.7	0.84
中空型真空光伏窗（光伏玻璃 靠近室内）VPVDG	17.7	－17.1	17.6	0.65
中空型真空光伏窗（光伏玻璃 靠近室外）PVVDG	17.8	－17.2	－17.1	0.63

真空光伏窗的热性能受到多种因素的影响，包括玻璃的导热系数、支撑柱的导热系数、支撑柱之间的间距、支撑柱的直径和高度、Low-E 涂层的发射率以及空气腔体的间距等。真空光伏窗的基础参数如表 3.1-4 所示。

真空光伏窗的基础参数　　　　　　　　　　表 3.1-4

参数	数值
不锈钢支撑柱的导热系数 [W/(m·K)]	20

续表

参数	数值
支撑柱直径（mm）	0.4
支撑柱高度（mm）	0.2
支撑柱之间的间距（mm）	25
玻璃的导热系数［W/(m·K)］	1
玻璃厚度（mm）	4
晶硅电池的导热系数［W/(m·K)］	148
光伏层厚度（mm）	2
Low-E涂层发射率	0.03

基于 COMSOL Multiphysics 的三维模型，不同因素对上述 4 种真空光伏窗 U 值的影响如图 3.1-4 所示。模拟结果发现，玻璃导热系数、支撑柱之间的间距、支撑柱的直径以及 Low-E 涂层的发射率是影响玻璃热性能的主要因素。支撑柱导热系数超过 10W/(m·K)后，其对窗体 U 值影响不再发生显著变化，而支撑柱高度则不是影响 U 值的主要因素。因此，优化真空光伏窗整体传热系数可通过如下几种措施来实现：降低玻璃和支撑柱的导热系数、减小支撑柱的直径以及降低 Low-E 涂层的发射率，增加支撑柱之间的间距和空气腔的厚度。

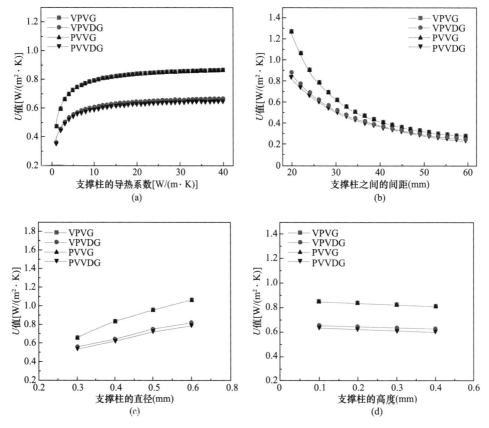

图 3.1-4　不同因素对 4 种光伏窗 U 值的影响（一）
（a）支撑柱的导热系数；（b）支撑柱之间的间距；（c）支撑柱的直径；（d）支撑柱的高度

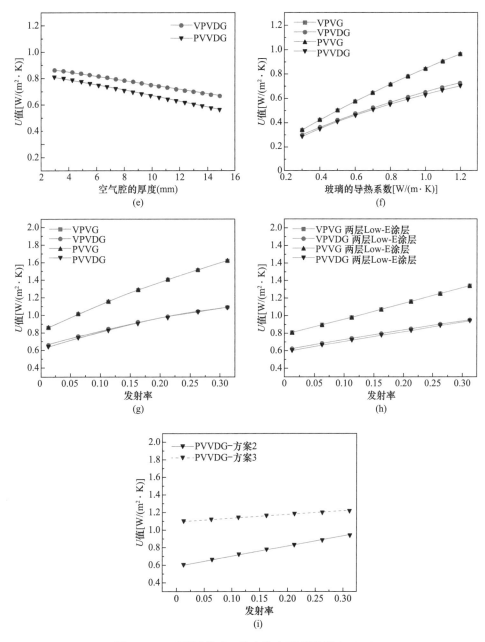

图 3.1-4　不同因素对 4 种光伏窗 U 值的影响（二）

（e）空气腔的厚度；（f）玻璃的导热系数；（g）方案 1 下 Low-E 涂层的发射率；
（h）方案 2 下 Low-E 涂层的发射率；（i）方案 2 与方案 3 下 Low-E 涂层的发射率

另外，Low-E 涂层的位置也是影响真空光伏窗 U 值的重要因素，Low-E 涂层的涂覆方式包括 3 种方案：方案 1：Low-E 涂层涂覆于真空腔中靠近室外侧的玻璃表面；方案 2：真空腔的两侧玻璃表面均涂覆 Low-E 涂层；方案 3：Low-E 涂层被涂覆于 PVVDG 的空气腔中靠近室内侧的玻璃表面。这 3 种方案对 U 值的影响如图 3.1-4（g）、图 3.1-4（h）、图 3.1-4（i）所示。

模拟结果显示，采用单层 Low-E 涂层对减少辐射传热和降低 U 值的效果显著，而在真空腔的两侧玻璃表面均涂覆 Low-E 涂层对进一步改善窗体热性能的程度有限。对于 PVVDG 而言，相比于方案 2 的 Low-E 涂层的涂覆方式，采用方案 3 的 Low-E 涂层涂覆方式可以实现更低的 U 值。另外，当支撑柱之间的间距为 60mm 时，在所有真空光伏窗中 PVVDG 的 U 值最低，为 $0.23W/(m^2 \cdot K)$。表 3.1-5 总结了 U 值随各参数单调变化的最大变化幅度。

<table>
<tr><td colspan="2">U 值随各参数单调变化的最大变化幅度</td><td colspan="4" style="text-align:right">表 3.1-5</td></tr>
<tr><td rowspan="2">参数</td><td rowspan="2">变化范围</td><td colspan="4">U 值随各参数单调变化的最大变化幅度</td></tr>
<tr><td>VPVG</td><td>VPVDG</td><td>PVVG</td><td>PVVDG</td></tr>
<tr><td>玻璃的导热系数 [W/(m·K)]</td><td>0.2～1.2</td><td>64.8%</td><td>59.1%</td><td>64.9%</td><td>58.6%</td></tr>
<tr><td>支撑柱的导热系数 W/[(m·K)]</td><td>1～10</td><td>40.4%</td><td>40.8%</td><td>40.4%</td><td>40.4%</td></tr>
<tr><td>支撑柱的导热系数 W/[(m·K)]</td><td>11～40</td><td>7.4%</td><td>7.9%</td><td>7.4%</td><td>7.8%</td></tr>
<tr><td>支撑柱之间的间距（mm）</td><td>20～60</td><td>-79.0%</td><td>-72.7%</td><td>-79.1%</td><td>-72.1%</td></tr>
<tr><td>支撑柱的直径（mm）</td><td>0.3～0.6</td><td>37.9%</td><td>31.8%</td><td>37.9%</td><td>31.4%</td></tr>
<tr><td>支撑柱的高度（mm）</td><td>0.1～0.4</td><td>-4.9%</td><td>-4.8%</td><td>-4.9%</td><td>-5.0%</td></tr>
<tr><td>单层 Low-E 涂层发射率</td><td>0.013～0.313</td><td>46.8%</td><td>39.5%</td><td>46.8%</td><td>41.3%</td></tr>
<tr><td>双层 Low-E 涂层发射率</td><td>0.013～0.313</td><td>39.7%</td><td>34.2%</td><td>39.7%</td><td>35.7%</td></tr>
<tr><td>空气腔的厚度（mm）</td><td>3～15</td><td>—</td><td>-19.6%</td><td>—</td><td>-21.5%</td></tr>
</table>

3. 得热量与热损失

EnergyPlus 是模拟建筑能耗的专业软件，已被广泛使用于建筑领域的科研工作中。基于 EnergyPlus 建立的建筑能耗模型，模拟分析了 4 种窗户的全年得热量与全年失热量，如果室内温度恒定，得热量即是冷负荷，失热量即是热负荷。4 种窗户分别包括普通中空窗户 [NDP/NP，U 值为 $2.63W/(m^2 \cdot K)$，太阳得热系数为 0.703]、单层半透明光伏窗 [STPV，U 值为 $5.497W/(m^2 \cdot K)$，太阳得热系数为 0.471] 和夹胶型真空光伏窗 [VPV，U 值为 $0.557W/(m^2 \cdot K)$，太阳得热系数为 0.143]。

模拟结果如图 3.1-5 所示，与普通中空窗户相比，夹胶型真空光伏窗在香港和哈尔滨可分别减少 81.63% 和 75.03% 的全年得热量，同时可分别减少 31.94% 和 32.03% 的全年热损失量。尽管单层半透明光伏窗在减少得热量方面也表现出色，但是其全年热损失量在所有窗户中最高，尤其是在严寒地区（哈尔滨）。由此说明夹胶型真空光伏窗在减少得热量和降低热损失量方面展现出了卓越性能。

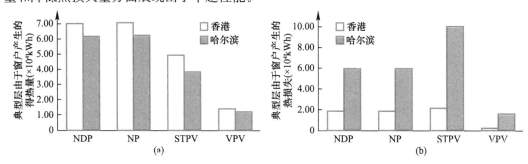

图 3.1-5 香港地区与哈尔滨地区各类窗户得热量与热损失对比

（a）得热量；（b）热损失

4. 围护结构设计参数对真空光伏窗建筑净能耗的影响

建筑净能耗是衡量建筑是否为低能耗或者零能耗建筑的重要指标，其计算公式如下：

$$Q = Q_L + Q_H + Q_C + Q_E - Q_{PV} \tag{3.1-3}$$

式中　Q——建筑净能耗，kWh；

　　　Q_L——照明能耗，kWh；

　　　Q_H——供热能耗，kWh；

　　　Q_C——空调制冷能耗，kWh；

　　　Q_E——设备能耗，kWh；

　　　Q_{PV}——光伏发电量，kWh。

窗户 U 值（WU）、可见光过射率（VT）、窗墙比（WWR）、外悬挑投影系数（OPF）、建筑朝向（BO）、每小时渗透换气次数（IACH）、墙体热阻（WTR）、墙体比热容（WSH）、可见光透过率与太阳得热系数比（LSG）这 9 个参数是建筑围护结构设计的关键参数，也是影响真空光伏窗建筑净能耗的重要因素。

通过 Morris 方法对各参数对建筑净能耗的影响进行敏感性分析，各参数的 Morris 指数如图 3.1-6 所示。当参数位于 $\sigma/\mu=0.5$ 和 $\sigma/\mu=1.0$ 这两条线之间时，则认为参数与建筑净能耗之间的关系几乎是单调的，μ 值越大，则该参数对建筑净能耗的影响越大。

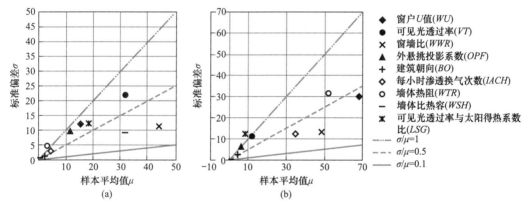

图 3.1-6　各参数的 Morris 指数

（a）香港；（b）哈尔滨

如图 3.1-7 所示，对比各参数的一阶敏感度指数发现，在香港地区，窗墙比（WWR）、可见光透过率（VT），以及可见光透过率与太阳得热系数比（LSG）是在设计真空光伏围护结构时最重要的考量因素。而在哈尔滨地区，影响真空光伏围护结构设计的最关键因素则分别是墙体热阻（WTR）、窗户 U 值（WU）、窗墙比（WWR）以及每小时渗透换气次数（IACH）。

5. 围护结构设计参数对真空光伏窗建筑净能耗的影响

根据表 3.1-1 中不同窗户的光热数据，结合香港地区室外条件，可采用 EnergyPlus 模拟安装窗户的建筑的年空调制冷耗电量（建筑尺寸为 2.3m×2.5m×2.5m；窗户尺寸为 2.1m×1.8m）。如图 3.1-8 所示，使用夹胶型真空光伏窗的建筑在东、南、西、北任意朝向的年空调制冷耗电量均是最低的。南向安装夹胶型真空光伏窗的建筑的年空调制冷耗电量为705.6kWh，与使用单层玻璃窗、双层玻璃窗、真空玻璃窗、单层光伏窗、双层光伏窗的建筑相比，空调制冷耗电量分别减少了14.2%、9.0%、10.2%、7.6%和5.2%。

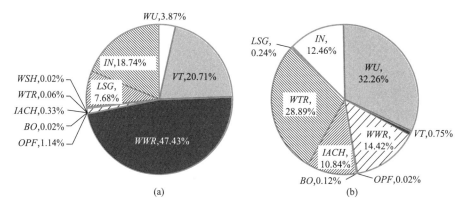

图 3.1-7　一阶敏感度指数

(a) 香港；(b) 哈尔滨

注：WU：窗户U值；VT：可见光透过率；WWR：窗墙比；OPF：外悬挑投影系数；BO：建筑朝向；IACH：每小时渗透换气次数；WTR：墙体热阻；WSH：墙体比热容；LSG：可见光透过率与太阳得热系数比；IN：参数间的相互作用。

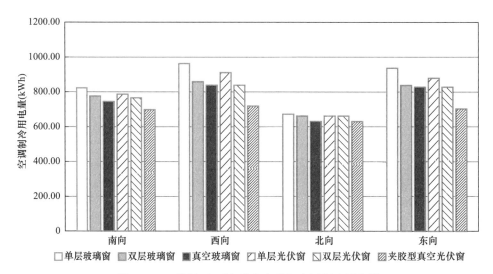

图 3.1-8　不同朝向下各种窗户的年空调制冷耗电量

发电量也是衡量窗户性能的指标之一。3种光伏窗的年发电量如图3.1-9所示，可以看出3种光伏窗的年发电量相差无几。由于真空玻璃的隔热性能更好，电池温度更高，夹胶型真空光伏窗的年发电量仅比单层光伏窗少了0.4%～1%。非晶硅薄膜电池的温度系数相对较小，因此组件的光伏转换效率受到温度的影响较小。

在所有朝向中，南向的光伏窗每年产生的电量最多，其次是西向。因此，在香港地区建筑的南向和西向安装光伏窗，可以使其产生更多的电能。

6. 围护结构设计参数对真空光伏窗建筑净能耗的影响

图3.1-10展示了4种不同结构的光伏窗，分别是中空光伏窗（HPVG）、中空型真空

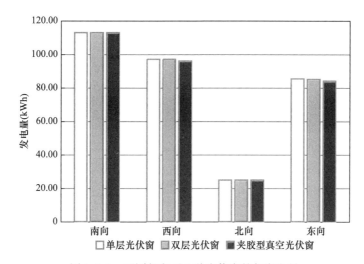

图 3.1-9　不同朝向下 3 种光伏窗的年发电量

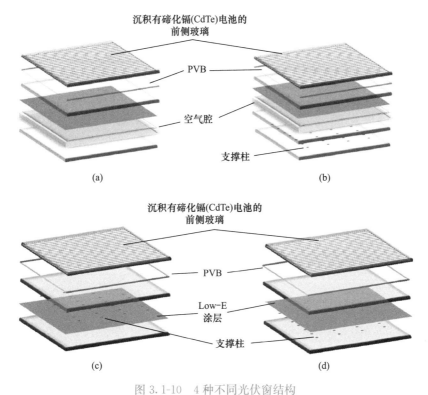

图 3.1-10　4 种不同光伏窗结构

（a）中空光伏窗（HPVG）；（b）中空型真空光伏窗（HPVVG）；（c）一体型真空光伏窗 A
（PVVG-A，Low-E 涂层涂覆于真空腔中靠近室内侧的玻璃表面）；（d）一体型真空
光伏窗 B（PVVG-B，Low-E 涂层涂覆于真空腔中靠近室外侧的玻璃表面）

光伏窗（HPVVG）、一体型真空光伏窗 A（PVVG-A，Low-E 涂层涂覆于真空腔中靠近
室内侧的玻璃表面），以及一体型真空光伏窗 B（PVVG-B，Low-E 涂层涂覆于真空腔中
靠近室外侧的玻璃表面）。另外，对比组 HPVVG-A 未在图 3.1-10 中展示，其与 HPVVG
具有相同的玻璃结构，唯一不同的是，HPVVG-A 的 Low-E 涂层位于真空腔中靠近室外

侧的玻璃表面,而 HPVVG 的 Low-E 涂层位于空气腔中靠近室外侧的玻璃表面。

以双层玻璃(DG)作为对照组,图 3.1-11 从供热能耗、制冷能耗以及光伏发电量等方面剖析了 5 种光伏窗在不同气候区中使用时的建筑节能潜力。

由于 PVVG-A、PVVG-B 和 HPVVG-A 具有较优的隔热性能而节省了供热能耗,其供热能耗为 0。而 HPVG 和 HPVVG 在寒冷地区(北京)和严寒地区(哈尔滨)仍会产生供热负荷。综合考虑光伏发电量、制冷能耗和供热能耗 3 方面,PVVG-A、PVVG-B 和 HPVVG-A 在所有窗户中表现出了更好的节能效果。对于哈尔滨地区,应用 HPVVG-A 是最佳节能方案;而在北京地区则是应用 PVVG-A 可达到最佳节能效果。

在夏热冬暖地区(广州)和夏热冬冷地区(武汉),相比于其他几种玻璃,PVVG-A 表现出了最佳节能效果。另外,在这两个地区,PVVG-A、PVVG-B 和 HPVVG-A 案例

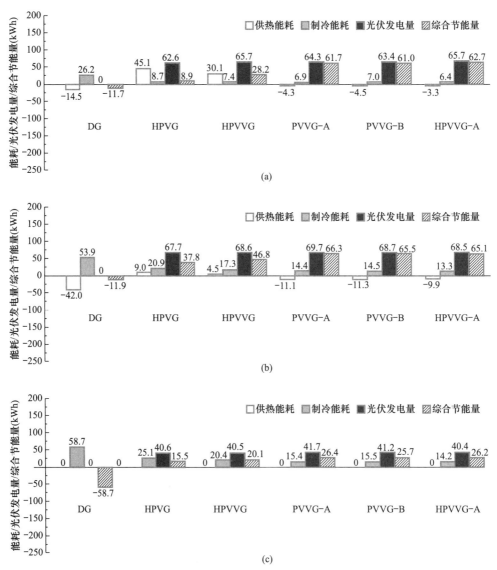

图 3.1-11 光伏窗在不同地区的能耗、光伏发电量和综合节能量对比(一)
(a)哈尔滨;(b)北京;(c)武汉

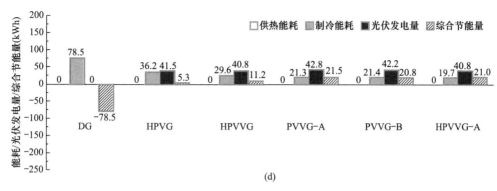

(d)

图 3.1-11　光伏窗在不同地区的能耗、光伏发电量和综合节能量对比（二）

(d) 广州

中的制冷能耗显著低于其他类型的光伏窗。

对于碲化镉薄膜光伏窗，5 种光伏窗的光伏发电量差别不大，但 PVVG-A、PVVG-B 和 HPVVG-A 能更多地减少能源消耗，相比于其他玻璃，这 3 种玻璃具有更大的节能潜力。

在所有气候条件下，HPVVG-A 的整体性能都优于 HPVVG，这表明在真空腔中使用 Low-E 涂层比在空气腔中使用 Low-E 涂层更有助于减少供暖季的热量损失和供冷季的得热。对比发现，安装 PVVG-A 的建筑制冷能耗最低，而安装 PVVG-B 的建筑供热能耗则最低。因此，在以供冷需求为主的地区，Low-E 涂层应与 PVVG-A 中 Low-E 涂层一样面向室外；而在以供暖需求为主的地区，Low-E 涂层则应当与 PVVG-B 中 Low-E 涂层一样面向室内。

综上所述，推荐在严寒地区，例如哈尔滨，使用 HPVVG-A；而在北京、武汉和广州，则推荐使用 PVVG-A。

7. 有效自然采光照度和日光眩光概率

采光是建筑透明围护结构的重要功能，有效自然采光照度（UDI）是衡量窗户有效天然采光时间占比的指标，自然采光照度在 100～2000lx 之间被认为是有效自然采光照度。日光眩光概率（DGP）是衡量自然采光舒适度（即产生眩光可能性）的指标，$DGP \leqslant 0.35$ 时被认为无眩光产生，$0.35 < DGP \leqslant 0.4$ 时为可察觉眩光，$0.4 < DGP < 0.45$ 时为干扰的眩光，$DGP \geqslant 0.45$ 时为无法忍受的眩光。

如图 3.1-12 所示，采用 DAYSIM 软件模拟了真空光伏窗（VPV）和真空玻璃窗（VG）在 5 个不同地区南向安装时的 UDI 值。在哈尔滨地区，真空光伏窗的 $UDI_{<100lx}$ 在 34% 到 71% 之间，真空玻璃窗的 $UDI_{<100lx}$ 则随着与窗户的距离的增加，从 29% 提高到了 34%。相反，真空光伏窗的 $UDI_{>2000lx}$ 则远低于真空玻璃窗。在有效自然采光方面，真空光伏窗的 $UDI_{100\sim2000lx}$ 在 28%～47% 之间，而随着与窗户距离的增加，真空玻璃窗的 $UDI_{100\sim2000lx}$ 从 11% 增加至 59%。在靠近窗户的区域，真空光伏窗的 $UDI_{100\sim2000lx}$ 为 41%，远高于真空玻璃窗的 11%。然而，在办公室中心的位置，真空玻璃窗的 $UDI_{100\sim2000lx}$ 反超了真空光伏窗。在离窗户最远的区域，真空光伏窗和真空玻璃窗的 $UDI_{100\sim2000lx}$ 分别为 28% 和 59%。在北京、武汉、香港和昆明，这两种窗的 UDI 的 3 个分段的分布情况十分相似。

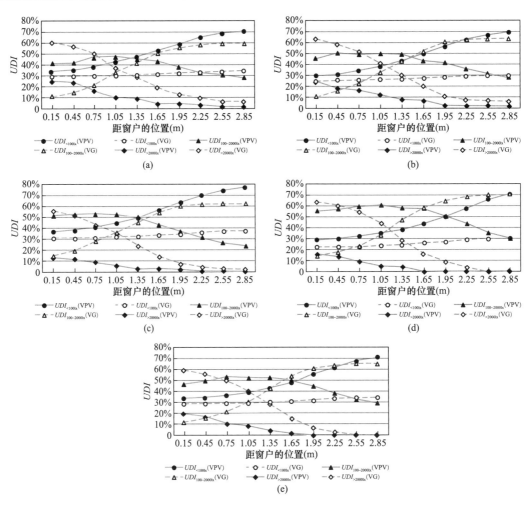

图 3.1-12　不同地区应用真空光伏窗和真空玻璃窗的 *UDI*
（a）哈尔滨；（b）北京；（c）武汉；（d）香港；（e）昆明

如图 3.1-13 所示，在哈尔滨、北京、武汉、香港和昆明使用真空玻璃窗时，$DGP \leqslant$ 0.35 的时间占比分别为 54.6%、52.2%、57.8%、53.1% 和 49.0%。同时，在上述地区采用真空玻璃窗时，无法忍受的眩光（即 $DGP \geqslant 0.45$）的时间占比在 22.1%～28.6% 之间。

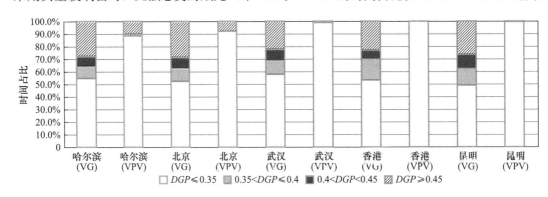

图 3.1-13　不同地区应用真空光伏窗和真空玻璃窗的 *DGP*

可以明显地观察到，在上述各地区应用真空光伏窗，其日光眩光概率均可以得到显著改善。具体而言，使用真空光伏窗后，$DGP \leqslant 0.35$ 的时间占比在哈尔滨、北京、武汉、香港和昆明分别为 88.3%、92.1%、98.8%、99.9% 和 99.5%。根据 Wienold 提出的眩光等级分类，最佳等级的要求是 95% 的办公室工作时间内 $DGP \leqslant 0.35$。可以看出，在纬度较低的地区应用真空光伏窗，如武汉（北纬 30.6°）、香港（北纬 22.3°）和昆明（北纬 25.0°），均可以达到较好的自然采光视觉舒适度。因此，利用真空光伏窗可以在很大程度上减少眩光，尤其是在低纬度地区。

8. 实测热电性能数据

如图 3.1-14 所示，笔者团队在香港理工大学建立了真空光伏窗的试验平台。

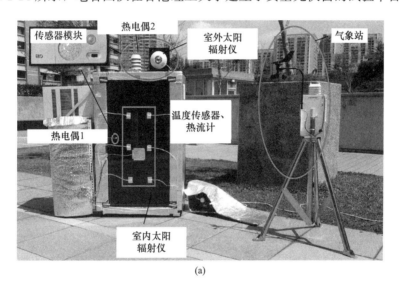

(a)

(b)　　　　　　　　　　　(c)

图 3.1-14　真空光伏窗试验平台
(a) 户外试验平台；(b) 太阳能模拟器；(c) 室内试验平台

室外试验于 2021 年 4 月底至 5 月初进行，室外试验中的光伏窗可接收入射的太阳辐射，在测试腔内可通过空调系统将腔内温度控制在 21℃左右。表 3.1-6 记录了 4 种光伏窗的室内外玻璃表面的最大温差，其中一体型真空光伏窗 A（PVVG-A）的温差最大，而中空光伏窗（HPVG）的温差最小。真空光伏窗的内外玻璃表面最大温差均不低于 19.2℃，足以证明其优异的隔热性能。

类型	玻璃两侧表面最大温差（℃）	测试时间和地点
中空光伏窗（HPVG）	16.2	2021年5月8日，香港
中空型真空光伏窗（HPVVG）	20.4	2021年4月23日，香港
一体型真空光伏窗A（PVVG-A）	23.1	2021年5月5日，香港
一体型真空光伏窗B（PVVG-B）	19.2	2021年5月10日，香港

4种光伏窗的室内外玻璃表面的最大温差　　　表3.1-6

如图3.1-15所示，在使用太阳模拟器的室内试验中，在测试腔上分别安装了真空玻璃窗、双层玻璃窗和双层光伏窗，腔体内的最高空气温分别达到了63.1℃、58.0℃和50.9℃。而在相同的条件下，在测试腔上安装真空光伏窗，腔体内最高空气温度仅为39.8℃。由此说明，真空光伏窗具有最佳的隔热性能，可为室内提供更舒适的热环境。

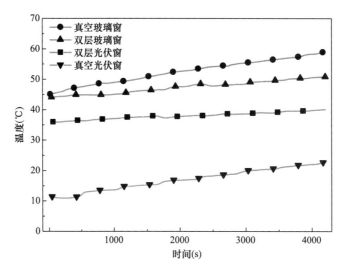

图3.1-15　太阳能模拟器照射下安装有真空玻璃窗、双层玻璃窗、双层光伏窗以及真空光伏窗的测试腔内部空气温度变化

表3.1-7展示了真空光伏窗的光热性能参数，以及在标准测试条件（STC：空气质量$AM=1.5$，太阳辐照度$G=1000\text{W/m}^2$，太阳能电池运行温度为25℃）下的电性能参数。

真空光伏窗的光热以及电性能参数　　　表3.1-7

参数	数值
太阳辐射透过率（%）	20
U值［W/(m^2·K)］	0.8
最大输出功率（W）	74
最大功率点的电压（V）	94
最大功率点的电流（A）	0.78
开路电压（V）	120
短路电流（A）	0.98
填允因子	0.62
组件效率（%）	5.2

在室外测试期间，连续测量了入射太阳辐射和发电量。图 3.1-16 展示了发电功率与入射太阳辐照度之间的相关性。根据测试结果发现，由于薄膜电池的温度系数较小，真空光伏窗的光电转换效率不会随着温度的升高而显著降低，因此真空光伏窗的发电功率与入射太阳辐照度呈正相关关系。

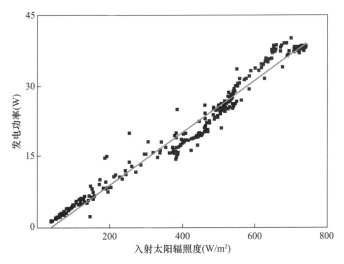

图 3.1-16　真空光伏窗的发电功率与入射太阳辐照度之间的相关性

真空光伏窗表面接收到的太阳辐射，一部分会被玻璃表面反射，一部分会被玻璃所吸收，其余部分则会透过玻璃直接进入室内成为太阳辐射得热量。被太阳能电池吸收的太阳辐射，一部分会转化为电能，其余部分则会转化为废热，间接增加了真空光伏窗的得热量。图 3.1-17 展示了日间入射到真空光伏窗外表面的太阳辐照度和太阳辐射透过率。经计算，在测试期间真空光伏窗的平均太阳辐射透过率约为 0.08。低透过率意味着绝大部分太阳辐射都会被真空光伏窗遮挡。

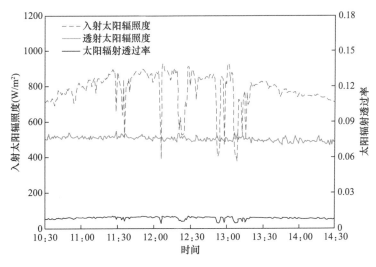

图 3.1-17　入射太阳辐照度与太阳辐射透过率

图 3.1-18 展示了真空光伏窗的内外表面温度对比。在日间，外表面温度远高于内表

面温度，其中外表面温度最高可达 75.3℃，比内表面温度高出 30℃左右。这表明大部分废热从真空光伏窗的外表面散失，通过热传导等方式传入室内的热量将得到削减。因此，与传统的单层光伏窗相比，真空光伏窗有利于降低室内冷负荷，改善室内热舒适度。

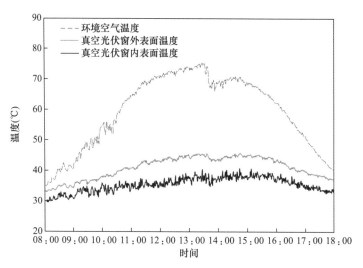

图 3.1-18　真空光伏窗的内外表面温度对比

9. 真空光伏产品及工程案例

真空光伏窗具有良好的采光性能和极佳的保温隔热性能及发电性能，图 3.1-19 展示了河南

图 3.1-19　碲化镉真空光伏窗室内侧视觉图

鹤壁一家玻璃制造商生产的碲化镉真空光伏窗室内侧的视觉图。表 3.1-8 列举了碲化镉真空光伏窗的相关信息，通过调节太阳能电池的覆盖率，可以改变该真空光伏窗的太阳辐射透过率，从而满足不同设计需求。图中这款碲化镉真空光伏窗的传热系数小于 0.9W/(m² · K)，其最大尺寸可达到 1200mm×1600mm，能满足大部分用户的需求。在广东惠州对南向安装的碲化镉真空光伏窗开展长期测试发现，发电效率为 9.2% 的该真空光伏窗的年发电量为 41kWh/m²。

碲化镉真空光伏窗相关信息　　　　　　　　　　　　　表 3.1-8

参数	相关信息
配置	6.4mm CdTe 组件＋1.14mm PVB＋3mm 玻璃（带 Low-E 涂层）＋0.3mm 真空层＋3mm 玻璃
厚度	13.8mm
最大尺寸	1200mm×1600mm
传热系数	＜0.9W/(m² · K)
覆盖率	40%～60%，可调节
发电效率	9.2%
年发电量	41kWh/m²（广东惠州，南向安装）

3.1.2　真空光伏保温墙

为提升北方建筑外墙的保温隔热性能，建筑外墙需要贴附导热系数极低的保温材料。目前，外墙保温材料主要包括聚苯乙烯（EPS）、挤塑聚苯乙烯（XPS）、聚氨酯泡沫（PUR/PIR）、岩棉、玻璃纤维以及膨胀珍珠岩等。在建筑运行过程中，由于电气故障所产生的电火花或者其他火源容易点燃有机保温材料，存在严重的火灾风险。建筑立面火灾在烟囱效应的影响下会迅速发生大面积扩散，最终造成严重的人员伤亡和经济损失。此外，传统的保温隔热材料在安装后还存在脱落的风险。

为了有效解决上述问题，笔者团队提出了一种新型真空光伏保温墙。真空光伏保温墙采用真空光伏玻璃取代了传统的建筑外墙保温隔热材料。墙体中极少量的可燃材料 EVA 和 PVB 已经被封存于保护玻璃内，未与光伏直流拉弧（温度高达 3000～7000℃）以及其他火源接触，因而大幅度地提高了建筑立面的防火等级。与此同时，真空光伏玻璃具有极低的 U 值，将其与墙体集成，可以显著提高墙体的热阻，保证了建筑外墙优越的保温隔热性能。此外，相比于真空光伏窗和真空光伏玻璃幕墙，真空光伏保温墙的太阳能电池覆盖率可达 100%，拥有更大的发电潜力。

1. 系统组成及能量传递过程

如图 3.1-20 所示，真空光伏保温墙由真空光伏玻璃和混凝土墙体两部分组成。入射太阳辐射会被真空光伏保温墙体所反射、吸收以及转化，其内部存在着复杂的能量传递过程：

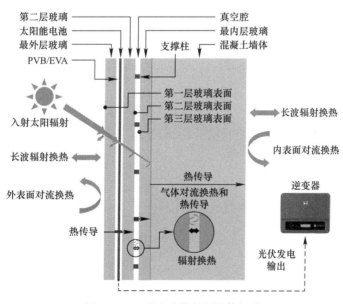

图 3.1-20　真空光伏保温墙体组成

（1）最外部玻璃的反射率越高，则被真空光伏保温墙吸收的太阳辐射会越少。

（2）入射太阳辐射被太阳能电池吸收后，一部分会被转化为电能，其余部分则会被转化为热能。真空光伏保温墙生成的直流电可通过逆变器转变成交流电来为建筑供电或者上传电网。真空光伏保温墙的太阳能电池覆盖率越高或者发电效率越高，其发电能力越强，且生成的废热更少。同时，太阳能电池的运行温度也会因光热、光电转换效率的变化而发生改变，并反过来影响真空光伏保温墙的电性能。

（3）真空腔内的热传递主要来源于支撑柱的热传导、第二层玻璃与最内层玻璃之间的长波辐射换热，以及腔体内气体的对流换热和热传导（真空腔内残余少量气体，其气压一般小于 0.1Pa）。支撑柱的热性能参数、结构参数以及分布是影响通过支撑柱传导的热量的关键因素。将低发射率涂层涂覆于与真空腔接触的玻璃表面上，可以有效地抑制玻璃之间的辐射换热。另外，真空腔内气压是影响墙体内对流换热和热传导的重要因素。优化设计上述参数有利于更好地发挥真空光伏保温墙的建筑节能潜力。

（4）入射太阳辐射可以透过半透明的真空光伏玻璃，并被混凝土墙体的最外层表面所吸收。吸收的太阳辐射量受到混凝土墙体表面的反射率影响，反射率越高，吸收的太阳辐射量越少。由于真空光伏玻璃的热阻较高，混凝土墙体表面吸收的太阳辐射很难向外散失，从而使建筑得热量增加，可有效降低供暖负荷。

2. U 值与二次传热系数

真空光伏保温墙的 U 值和二次传热系数是表征墙体热性能的重要参数，这两个参数受到太阳能电池类型、制作材料的热性能参数、真空光伏玻璃的光学参数、真空腔内气压以及结构参数等因素的影响。为明确影响真空光伏保温墙的热性能的关键参数，在如表 3.1-9 所示的环境条件下，通过有限差分法对比分析了混凝土墙、3 种真空光伏保温墙和传统保温墙的 U 值和二次传热系数。其中 3 种真空光伏保温墙分别为：晶体硅、非晶硅以及碲化镉真空光伏保温墙。表 3.1-10 列举了上述墙体的光、热、电特性数据。

环境条件设置① 表 3.1-9

计算类别	入射太阳辐照度（W/m²）	室外温度（℃）	室内温度（℃）	外表面传热系数[W/(m²·K)]	内表面传热系数[W/(m²·K)]
U 值	0	30	25	14	8
二次传热系数	500				

各种外墙的光、热、电特性数据 表 3.1-10

参数	普通混凝土墙	晶体硅（c-Si）真空光伏保温墙	非晶硅（a-Si）真空光伏保温墙	碲化镉（CdTe）真空光伏保温墙	传统保温墙
结构					
太阳能电池类型	—	晶硅	非晶硅	碲化镉	—

① 本章参考文献 [8]。

参数	普通混凝土墙	晶体硅 （c-Si） 真空光伏保温墙	非晶硅 （a-Si） 真空光伏保温墙	碲化镉 （CdTe） 真空光伏保温墙	传统保温墙
电学参数	—	发电效率：19%； 功率温度系数： −0.72%/℃	发电效率：5.3%； 功率温度系数： −0.35%/℃	发电效率：9.91%； 功率温度系数： −0.214%/℃	—
导热系数 ［W/(m· K)］	混凝土墙 体：1.69	玻璃：1； EVA：0.116； 太阳能电池：168； 混凝土墙体：1.69	玻璃：1； EVA：0.116； 混凝土墙体：1.69	碲化镉光伏玻璃： 0.98； 其他玻璃：1； 混凝土墙体：1.69	挤塑聚苯乙烯： 0.037； 木纤维：0.05； 膨胀蛭石：0.10
光学参数	混凝土墙体： 太阳辐射反射 率＝0.3	1. 最外层玻璃： 太阳辐射透过率＝ 0.96、前侧太阳辐 射反射率＝0.02、 后侧太阳辐射反射 率＝0.02。 2. 太阳能电池： 太阳辐射吸收率＝ 0.97、太阳辐射反 射率＝0.03。 3. EVA： 太阳辐射透过率＝ 0.9、太阳辐射反 射率＝0.04。 4. 其他玻璃： 太阳辐射透过率＝ 0.907、前侧太阳辐 射反射率＝0.08、 后侧太阳辐射反射 率＝0.08。 5. 混凝土墙体： 太阳辐射反射率＝ 0.3	1. 最外层玻璃＋太 阳能电池： 太阳辐射透过率＝ 0.298、前侧太阳辐 射反射率＝0.37、 后侧太阳辐射反射 率＝0.201。 2. EVA： 太阳辐射透过率＝ 0.9、太阳辐射反射 率＝0.04。 3. 其他玻璃： 太阳辐射透过率＝ 0.907、前侧太阳辐 射反射率＝0.08、 后侧太阳辐射反射 率＝0.08。 4. 混凝土墙体： 太阳辐射反射率＝ 0.3	1. 碲化镉光伏玻 璃： 太阳辐射透过率＝ 0.06、前侧太阳辐 射反射率＝0.079、 后侧太阳辐射反射 率＝0.159。 2. 其他玻璃： 太阳辐射透过率＝ 0.907、前侧太阳辐 射反射率＝0.08、 后侧太阳辐射反射 率＝0.08。 3. 混凝土墙体： 太阳辐射反射率＝ 0.3	—
材料厚度 （mm）	混凝土墙体： 100	最外层玻璃：3.2； 第一层EVA：1.8； 太阳能电池：0.3； 第二层EVA：1.8； 第二层玻璃：3.2； 第三层玻璃：3.2； 混凝土墙体：100	最外层玻璃＋太阳 能电池：3； EVA：1.8； 第二层玻璃：3.2； 第三层玻璃：3.2； 混凝土墙体：100	碲化镉光伏玻璃：7； 最内层玻璃：3.2； 混凝土墙体：100	传统保温材料： 50； 混凝土墙体：100
总厚度 （mm）	100	113.5	111.2	110.2	150

参数	普通混凝土墙	晶体硅（c-Si）真空光伏保温墙	非晶硅（a-Si）真空光伏保温墙	碲化镉（CdTe）真空光伏保温墙	传统保温墙
真空腔内参数设置	—	不锈钢支撑柱的导热系数：20W/(m·K)； 支撑柱直径：0.4mm； 支撑柱高度：0.2mm； 支撑柱间距：25mm； 真空腔内气压：0.1Pa； 与真空腔接触的玻璃表面的发射率：0.84（未涂覆低发射率涂层）			—

图 3.1-21 展示并对比了不同外墙的 U 值。研究发现，没有低发射率涂层的真空光伏保温墙的 U 值，明显低于普通混凝土墙的 U 值。其中普通混凝土墙的 U 值为 $3.91W/(m^2·K)$，而真空光伏保温墙的 U 值在 $2.05 \sim 2.19W/(m^2·K)$ 之间变化，下降了 $44.0\% \sim 47.6\%$。这表明真空光伏保温墙可以显著提升建筑外墙的保温隔热性能。

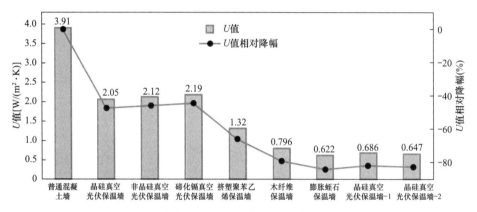

图 3.1-21　不同外墙的 U 值

注："晶硅真空光伏保温墙－1"为在图 3.1-20 所示的第二层玻璃表面涂覆发射率为 0.02 的低发射率涂层的晶硅真空光伏保温墙；"晶硅真空光伏保温墙－2"则为在第二层玻璃表面和最内层玻璃表面都涂覆发射率为 0.02 的低发射率涂层的晶硅真空光伏保温墙。

然而，相比于传统保温墙，普通的真空光伏保温墙的 U 值并没有优势。当传统保温墙的保温层厚度为 50mm 时，其 U 值在 $0.622 \sim 1.32W/(m^2·K)$ 之间变化。因此，需要通过在与真空腔接触的玻璃表面涂覆低发射率涂层来进一步降低真空光伏保温墙的 U 值。模拟结果显示，将发射率为 0.02 的低发射率涂层涂覆于真空光伏保温墙的第二层玻璃表面，其 U 值可降低至 $0.686W/(m^2·K)$；将该低发射率涂层涂覆于与真空腔接触的两个玻璃表面，真空光伏保温墙的 U 值可进一步降低至 $0.647W/(m^2·K)$。

如图 3.1-22 所示，降低玻璃的导热系数、支撑柱的导热系数、支撑柱的半径、支撑柱的间距、真空腔内气压以及玻璃表面的发射率，可有效地降低真空光伏保温墙的 U 值。而真空光伏保温墙的 U 值对支撑柱的高度的变化不敏感。

如果将玻璃的导热系数从 $1.38W/(m·K)$ 降低至 $0.14W/(m·K)$，则真空光伏保温墙的 U 值降低 $19\% \sim 21\%$。当支撑柱的导热系数由 $5W/(m·K)$ 变为 $0.032W/(m·K)$ 时，真空光伏保温墙的 U 值降低了 5%。真空光伏保温墙的 U 值与支撑柱半径的变化几乎呈线性关系，当支撑柱半径从 0.3mm 减小到 0.15mm 时，真空光伏保温墙的 U 值下降了约 3.7%。当支撑柱之间的间距由 45mm 降低至 20mm 时，真空光伏保温墙的 U 值降幅在 6% 左右。然而，当间距超过 45mm 时，真空光伏保温墙的 U 值变化不明显。当真空腔体中的气压小于 0.1Pa 时，真空光伏保温墙的 U 值变化不大，仅为 0.9% 左右，但当真空腔体中的气压从 0.1Pa 增加到 1Pa 时，真空光伏保温墙的 U 值增幅超过 7%。

与真空腔接触的玻璃表面发射率是影响真空光伏保温墙的 U 值的关键因素。当玻璃表面的发射率从 0.84 降低到 0.013 时，其 U 值显著降低了 69.6%。此外，当其中一个玻璃表面保持极低的发射率，同时改变另一个玻璃的表面发射率时，U 值的变化非常小。具体而言，当第二层玻璃表面的发射率保持在 0.013 时，将最内层玻璃表面的发射率从 0.013

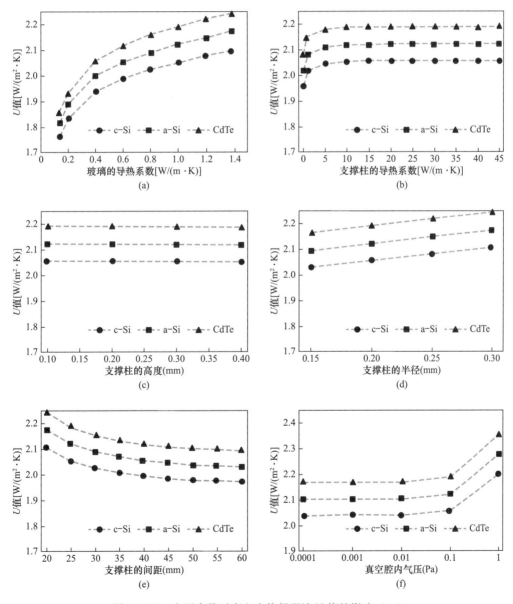

图 3.1-22　主要参数对真空光伏保温墙 U 值的影响（一）

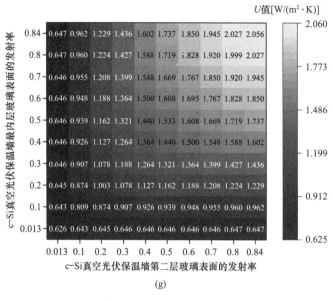

图 3.1-22　主要参数对真空光伏保温墙 U 值的影响（二）

提高到 0.84，U 值仅增加了 0.021W/(m²·K)。然而，当其中一个玻璃表面保持较高的发射率，同时改变另一个表面的发射率时，其 U 值变化明显。例如，将第二层玻璃表面的发射率保持在 0.84，同时将最内层玻璃表面的发射率从 0.013 调整到 0.84，其 U 值增长率为 217.8%。由此可以得出结论：在与真空腔接触的两个玻璃表面同时使用具有极低发射率的涂层，并不能显著提高热性能，反而会增加真空光伏保温墙的制造成本。

基于上述参数分析结果，可以明确影响 U 值的关键参数的推荐值。各参数的推荐值如下：玻璃导热系数为 0.14W/(m·K)，支撑柱的间距为 45mm，支撑柱的导热系数为 0.032W/(m·K)，支撑柱的半径为 0.15mm，真空腔内气压为 0.1Pa。综合上述优化值，对 4 个案例的 U 值进行了分析，如表 3.1-11 所示。结果表明，真空光伏保温墙的 U 值最低可降至 0.153W/(m²·K)，仅为传统保温墙 U 值 [0.622W/(m²·K)] 的 24.6%。此外，在更常见的情况下（案例 1），即玻璃导热系数为 1W/(m·K)，且低发射率涂层仅涂覆于一个玻璃表面时，真空光伏保温墙的 U 值为 0.191W/(m²·K)，仍远低于传统保温墙的 U 值，节能潜力大。

关键影响参数的推荐值和 U 值				表 3.1-11
参数	案例 1	案例 2	案例 3	案例 4
玻璃的导热系数 [W/(m·K)]	1	1	0.14	0.14
支撑柱的间距（mm）	45			
支撑柱的半径（mm）	0.15			
支撑柱的导热系数 [W/(m·K)]	0.032（气凝胶支撑柱）			
真空腔内气压（Pa）	0.1			
玻璃表面的发射率	0.013/0.84	0.013/0.013	0.013/0.84	0.013/0.013
U 值 [W/(m²·K)]	0.191	0.155	0.189	0.153

在本书中，二次传热系数被定义为因建筑物外墙吸收的太阳辐射所产生的室内得热量

与入射到外墙表面的太阳辐照度之比。如图 3.1-23 所示，尽管 3 种真空光伏保温墙的 U 值差异不明显，但它们的二次传热系数却有显著差异。普通混凝土墙、晶硅真空光伏保温墙、非晶硅真空光伏保温墙以及碲化镉真空光伏保温墙的二次传热系数分别为 0.196、0.12、0.176 和 0.159。由于晶硅电池具有不透光的特性，因此可以遮挡入射太阳光，从而减少混凝土墙体对入射太阳辐射的吸收。同时，晶硅太阳能电池的发电效率最高，可以将吸收的太阳辐射更多地转化为电能，因此其具有最低的二次传热系数。相比之下，非晶硅光伏电池的太阳辐射透过率高达 0.298，透过的太阳辐射会被混凝土墙吸收从而转变成室内得热，因此非晶硅真空光伏保温墙的二次传热系数是 3 种真空光伏保温墙中最高的。

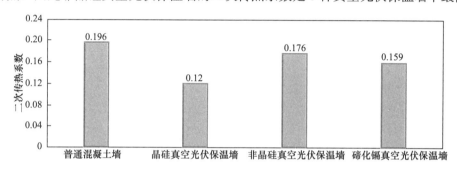

图 3.1-23　各种外墙的二次传热系数对比

如图 3.1-24 所示，加大支撑柱的间距，降低玻璃的导热系数、支撑柱的导热系数、玻璃表面的发射率、真空腔内气压，以及减小支撑柱的半径，有利于降低晶硅真空光伏保

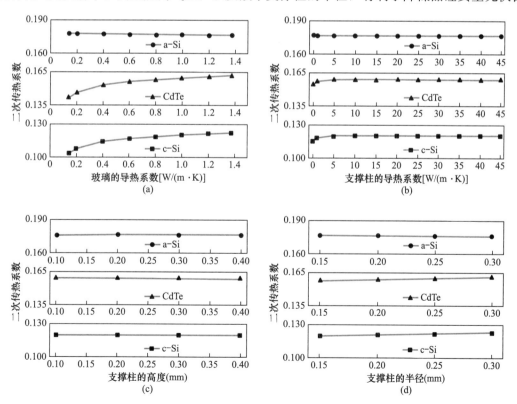

图 3.1-24　各种参数对真空光伏保温墙的二次传热系数的影响（一）

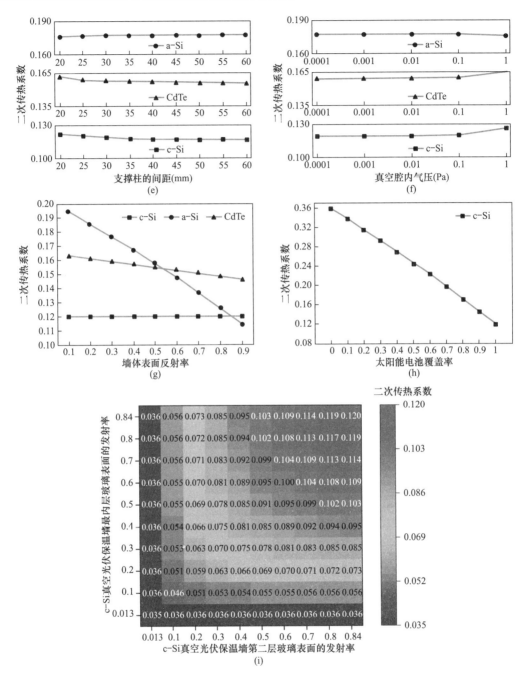

图 3.1-24 各种参数对真空光伏保温墙的二次传热系数的影响（二）

温墙和碲化镉真空光伏保温墙的二次传热系数；相反，会导致非晶硅真空光伏保温墙的二次传热系数略微升高，而真空光伏保温墙的二次传热系数对支撑柱的高度的变化也不敏感。另外，还可以通过提高太阳能电池覆盖率和混凝土墙体表面反射率来降低真空光伏保温墙体的二次传热系数。

具体地，当玻璃导热系数从 1.38W/(m·K) 降低至 0.14W/(m·K) 时，晶硅真空光伏保温墙和碲化镉真空光伏保温墙的二次传热系数分别降低了 18.2% 和 14.0%，而非

晶硅真空光伏保温墙的二次传热系数却升高了 0.8%。当支撑柱的导热系数从 5W/(m·K)
降低至 0.032W/(m·K) 时，晶硅真空光伏保温墙和碲化镉真空光伏保温墙的二次传热
系数分别降低了 3.4% 和 2.5%，而非晶硅真空光伏保温墙的二次传热系数升高了 0.4%。

当支撑柱半径从 0.3mm 降低至 0.15mm 时，晶硅真空光伏保温墙和碲化镉真空光伏
保温墙的二次传热系数分别降低了 2.7% 和 2%，而非晶硅真空光伏保温墙的二次传热系
数升高了 0.3%。

当支撑柱的间距从 20mm 变为 40mm 时，非晶硅真空光伏保温墙的二次传热系数增
加了 0.6%，而晶硅真空光伏保温墙和碲化镉真空光伏保温墙的二次传热系数则分别减少
了 4.4% 和 3.2%。当支撑柱的间距超过 40mm 时，真空光伏保温墙的二次传热系数均不
再有明显变化。相比于真空腔内气压为 0.1Pa，当气压为 1Pa 时，晶硅真空光伏保温墙和
碲化镉真空光伏保温墙的二次传热系数分别增加了 5.2% 和 3.8%，而非晶硅真空光伏保
温墙的二次传热系数则减少了 0.7%。

当混凝土墙表面反射率从 0.1 升至 0.9，非晶硅真空光伏保温墙和碲化镉真空光伏保温
温墙的二次传热系数分别降低了 41.1% 和 11.3%。当太阳能电池覆盖率从 0 增长到 100%
后，c-Si 真空光伏保温墙的二次传热系数将从 0.369 降至 0.120。将发射率为 0.013 的涂
层涂覆于真空腔两侧的表面，可使得 c-Si 真空光伏保温墙的二次传热系数大幅减少 70%。

3. 建筑能耗

据表 3.1-10 中各种外墙的光、热、电特性数据，模拟分析了北京、哈尔滨、香港和
上海 4 个地区在南向立面安装单位面积晶硅真空光伏保温墙的年累计供热负荷、年累计制
冷负荷以及年发电量。真空腔两侧玻璃表面的发射率分别为 0.02 和 0.84。模拟结果如
图 3.1-25 所示，相比普通混凝土墙和传统保温墙，晶硅真空光伏保温墙的制冷负荷和供

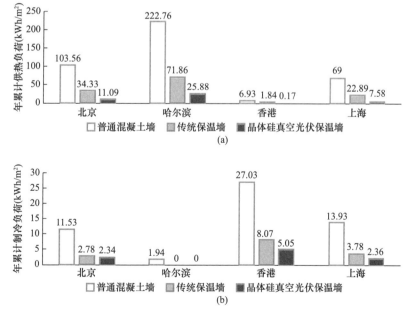

图 3.1-25 单位面积晶硅真空光伏保温墙的年累计供热负荷，
年累计制冷负荷及年发电量（一）

(a) 年累计供热负荷；(b) 年累计制冷负荷

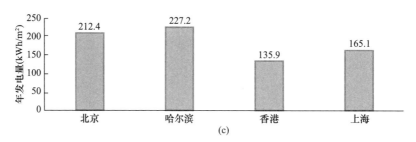

图 3.1-25　单位面积晶硅真空光伏保温墙的年累计供热负荷，
年累计制冷负荷及年发电量（二）

（c）年发电量

热负荷均呈现大幅下降。相比于普通混凝土墙，晶硅真空光伏保温墙在北京、哈尔滨、香港、上海制冷负荷可分别减少 9.19kWh/m²、1.94kWh/m²、21.98kWh/m²、11.57kWh/m²，供热负荷分别减少 92.47kWh/m²、196.88kWh/m²、6.76kWh/m²、61.42kWh/m²。相比于传统保温墙，晶硅真空光伏保温墙在北京、香港和上海对制冷负荷的削减幅度分别为 15.8%、37.4% 和 37.6%；在北京、哈尔滨和上海对供热负荷的削减幅度分别为 67.7%、64.0% 和 66.9%。由此说明，晶硅真空光伏保温墙具有优越的保温隔热性能。

另外，晶硅真空光伏保温墙还可利用太阳能进行发电，晶硅真空光伏保温墙在北京、哈尔滨、香港、上海的年发电量分别为 212.4kWh/m²、227.2kWh/m²、135.9kWh/m²、165.1kWh/m²。光伏发电量可被建筑就地消纳，从而带来相应的经济效益。

3.2　彩色光伏系统

3.2.1　彩色光伏组件简介

传统光伏组件通常呈现出深色和单调的外观，不适用于建筑装饰，这一定程度上限制了建筑光伏的广泛部署，因此应当采取措施增强光伏组件的美观性。建筑中所使用的光伏组件应该既美观又耐用，而作为能源产品，彩色光伏组件还应保持较高的电能转换效率（PCE）和低成本。虽然某些染料敏化太阳能电池和有机太阳能电池本身就是彩色的，但其颜色主要来源于它们对光的吸收不足，这极大地限制了它们的 PCE。

为了使 PCE 最大化，太阳能电池通常呈现黑色或者暗色的外观，使得它们对太阳辐射具有很强的吸收能力。如果让太阳能电池带有其他的颜色，就必须反射部分可见光。改变颜色可以通过在太阳能电池顶部增加一个功能层来实现［图 3.2-1（a）］，该层可以与太阳能电池前表面集成，也可以封装在太阳能电池上方封装层中。功能层导致的颜色反射直接减少了被吸收的光子数，主要降低了短路电流密度 J_{sc}。除了 J_{sc}，PCE 还由开路电压（V_{oc}）和填充因子（FF）决定。理论上，即使 J_{sc} 降低，V_{oc} 和 FF 也只会小幅度减少，因此对 PCE 的影响不大。在这种情况下，可以提出两个准则用于开发具有高 PCE 的彩色光伏组件：①J_{sc} 的降低应被抑制，这表明只有期望的部分可见光可以被反射，而功能层对太阳辐射的吸收可以忽略不计［图 3.2-1（b）］；②引入功能层不应影响太阳能电池的其他电气属性，如增加串联电阻，以避免 V_{oc} 和 FF 降低。除此之外，高效率的彩色光伏组件还应能够被低成本且大规模地制造［制作工艺见图 3.2-1（c）］。在设计功能层时，这些准则的存在带来了较大的挑战。

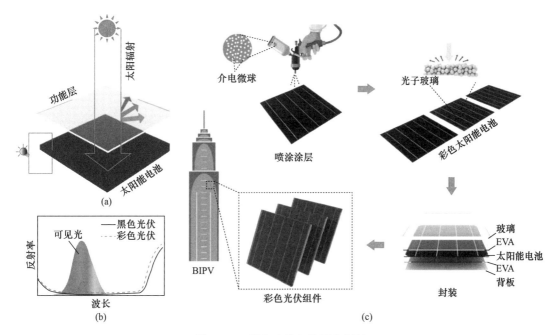

图 3.2-1　彩色光伏组件研究概括

（a）高效率彩色光伏组件应具有可选择性地反射可见光的功能层；（b）高效率彩色光伏组件应该且
仅在可见光波长上具有更高的反射率；（c）彩色光伏组件的制作工艺主要包括在太阳能
电池上喷涂介电微球和随后的热层压封装

　　基于上述分析，一些本质上吸收太阳辐射从而引入耗散损失的材料并不适合，如有机颜色染料、无机颜料和金属等离子体材料。此外，也不建议使用光刻工艺制造的光学光栅或其他类似微纳结构来生成结构色，因为这些工艺产品难以大规模生产。早期的一种公认的制造高效率彩色光伏组件的方法是使用多层介电薄膜，通过设计薄膜界面来选择性反射可见光。多层介电薄膜可以直接沉积在太阳能电池表面或光伏玻璃盖板表面，或者作为光伏组件中的额外封装层。然而，这种一维光子结构会产生虹彩效应，这在建筑光伏应用中不受欢迎。此外，精确沉积多层介电薄膜将显著增加生产过程的成本和复杂性。

　　使用自组装的光子结构来为光伏着色成为一种可行的方法，由具有可见波长范围内短程关联的介电微球组成。这种光子颜料已经在一些生物体中被发现，可产生非彩虹色的结构色彩，使人具有视觉上的愉悦感。受到自然的启发，研究人员已经通过自组装胶体微球人工制造了类似的纳米结构，命名为光子玻璃。由于各向同性的结构和纯介电构件，可以产生易调且与角度无关的颜色，同时没有褪色现象且光的寄生吸收率低。在这种情况下，可以推测光子玻璃是一项用于开发彩色光伏的有前景的技术。

　　对介电微球及其组装产生结构色的物理原理进行分析，进一步激发了使用高折射率的单分散微球作为构件的想法。结果表明，太阳能电池表面有利于介电微球的自组装，形成光子玻璃层。通过对标准尺寸的太阳能电池（158.75mm×158.75mm，原始 PCE 约为

22.6%）喷涂不同尺寸的单分散 ZnS 微球，实现了各种颜色，且由于光子玻璃层只选择性地反射部分可见光，所以 PCE 损失较低。通过标准封装方法制造的彩色光伏组件具有接近 21% 的 PCE。这种方法可以扩展到工业产品。通过展示一个 $108W_p$ 的彩色光伏组件以及展示具有彩色图案的光伏组件，凸显了这种方法极大的灵活性。由于只是在常规光伏组件中添加了介电微球，因此所得到的彩色光伏组件具有较好的稳定性，经过包括 10d 的户外暴露和 1000h 的湿热测试在内的老化测试可证实该结论。总体而言，高效率和具有实用性的彩色光伏是十分有前景的。

3.2.2 结果与讨论

1. 由介电微球及其组装产生的结构色

使用胶体纳米粒子作为构建模块提供了一种自下而上的方法用于光管理纳米结构，且可以实现低成本且大规模地制造。在米氏理论的指导下，特定尺寸的粒子可以用来有效散射可见光波长。为了证明这一点，计算了单个介电微球的散射效率 $[Q_{sca}=\sigma_s/(\pi r^2)]$ 作为尺寸参数的函数 [图 3.2-2（a）]，σ_s 和 r 分别是微球的散射截面和半径。对于较高折射率的介电微球，它会强烈散射与其直径相近的波长的入射光。例如，当微球直径 d 为 250nm 时，它在 400~600nm 范围内显示出强烈的光散射 [图 3.2-2（b）]。在散射效率高的波长上，前向散射占主导地位，因此尽管有一定程度的反射，仍会有高透明度。然而，在红外波长下，因为散射可以忽略不计，介电微球几乎变得透明。

当两个介电微球互相靠近时，每个介电微球散射的光将由于相干性而发生破坏性或增强性干涉。因此，可以通过组装相似的介电微球来实现特定波长的反射或透射。这一点在由完全周期性组装的介电微球制成的光子晶体中尤为明显 [图 3.2-2（c）]。通过改变介电微球尺寸，可以移动反射峰，从而产生不同的颜色。然而，实现这种光子结构的大规模制造是相当具有挑战性的。另一种选择是光子玻璃，其特征是仅具有短程有序的随机结构。这使得使用自组装介电微球在大面积制造结构色成为可能。与光子晶体相比，光子玻璃保留了结构相关的反射峰 [图 3.2-2（d）]，而由于弱结构相关性和短波长下更强的多次散射，反射带更宽。因此，本书将这种光子结构作为功能层用于着色太阳能电池 [图 3.2-2（e）]，并实现与色彩、高 PCE 和大规模生产的兼容性。

要应用于光伏组件，应考虑基质材料的影响，因为太阳能电池通常由 EVA 等聚合物材料包裹。当基质材料的折射率（n）增加时，例如，从空气（$n=1$）变为 EVA（$n\approx$ 1.49），介电微球的分散效率显著降低。当嵌入 EVA 中时，由于基质材料的折射率增加，组装的光子结构的反射率也会降低。因此，由二氧化硅（$n\approx1.48$）和聚苯乙烯（$n\approx$ 1.59）制成的普通单分散介电微球由于折射率低，不太适合制作彩色光伏组件。

本书中采用了 ZnS 微球来实现太阳能电池和光伏组件的着色。ZnS 的体积折射率大约为 2.36，远高于 EVA。通过溶液中的均匀成核反应合成了单分散的胶体 ZnS 微球。图 3.2-2（f）所示的透射电子显微镜（TEM）和扫描电子显微镜（SEM）图像显示，合成的 ZnS 微球是均一且单分散的，具有良好的球形性，确保它们可以用来生成结构色彩。同时应注意到，由于多孔结构，胶体 ZnS 微球的有效折射率低于体积值。由图 3.2-2（g）所示，ZnS 微球的吸收截止波长在 350nm 左右，这意味着最多 1.38% 的太阳辐射会被耗散。

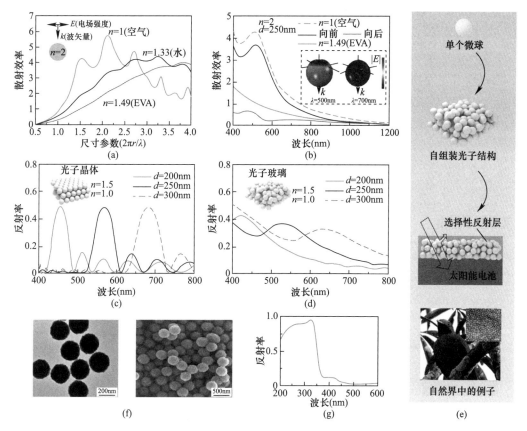

图 3.2-2　由微球及其组装产生的结构颜色

（a）单个介电微球（$n=2$）在不同基质材料中的散射效率（Q_{sca}），作为尺寸参数（$2\pi r/\lambda$）的函数（r 为粒子半径，λ 为波长）；（b）单个介电微球（$n=2$，$d=250\text{nm}$）在空气中（包括前向和后向散射）和在 EVA 中的散射效率随波长的变化，插图显示了 500nm 和 700nm 的远场散射辐射方向图；（c）、（d）由密集堆积的介电微球（$n=1.5$）在空气中制成的面心立方结构的光子晶体和由体积分数为 0.55 的随机堆积的微球制成的光子玻璃的模拟光谱反射率，比较了不同直径的影响；（e）基于自组装介电微球形成的无序光子结构制造彩色光伏的方法的总体思想，底部是一张鸟（Cotinga Maynana）的照片和一张蓝色羽毛倒钩的电子显微镜图像（经 Takeoka 许可转载，Copyright 2012，Royal Society of Chemistry）；（f）合成的 ZnS 微球的透射电子显微镜和扫描电子显微镜图像；（g）合成的 ZnS 微球的吸收曲线

2. 在太阳能电池上喷涂光子玻璃

如图 3.2-1（c）所示，在本书中使用单晶硅太阳能电池作为基底来制作彩色太阳能电池和光伏组件，因为目前它们以非常高的 PCE 占据了光伏市场主导地位。通过光收集结构和抗反射层，常见的高效太阳能电池能够大量地吸收太阳辐射，其外观非常接近黑色。为了给太阳能电池着色，采用了喷涂涂层的方法在太阳能电池表面制造光子玻璃层。涂层溶液是通过将 ZnS 微球完全分散在乙醇中制备的。在室温下，喷涂后涂层溶液中的乙醇可以迅速蒸发，只留下 ZnS 微球在太阳能电池表面使其着色。喷涂过程是快速且容易实施的，有利于产品低成本大规模生产。

为了了解光子玻璃层如何在硅太阳能电池表面自组装以及它是如何改变外观颜色的，制作了具有不同 ZnS 微球喷涂量的样品。如图 3.2-3（a）所示，SEM 图像清楚地显示了 ZnS 微球沉积在太阳能电池表面。通常一个裸露的太阳能电池表面分布有用于光捕获的金字塔形纹理，尺寸大约为几微米。在样品 1 中，当涂覆少量的 ZnS 微球时，它们会优先填充纹理之间的间隙，且微球的分布是不连续的，没有形成光子玻璃膜。随着喷涂量的增加，太阳能电池表面逐渐被 ZnS 微球覆盖（样品 1～样品 3）。当表面完全被 ZnS 微球覆盖时，可以发现光子玻璃层不是很均匀，有一些随机分布的孔洞，它们是随机分布的，$200\mu m \times 200\mu m$ 区域的平均粗糙度仅约为 $0.2\mu m$，接近微球尺寸。此外，人眼无法检测出这么小的差异。在这种情况下，预计在层厚度上的微小不均匀性不会影响颜色外观，且喷涂涂层是大规模生产光子玻璃在太阳能电池基板上的可行方法。

当太阳能电池喷涂 ZnS 微球涂层后，它们的反射谱曲线出现了清晰的共振峰［图 3.2-3 (b)］，这些共振峰起源于光子玻璃中的短程结构关联。随着光子玻璃层变厚，反射率也变得更高，尤其是在共振发生的波长处。因此可以生成更亮的颜色，而颜色的色调几乎保持不变。

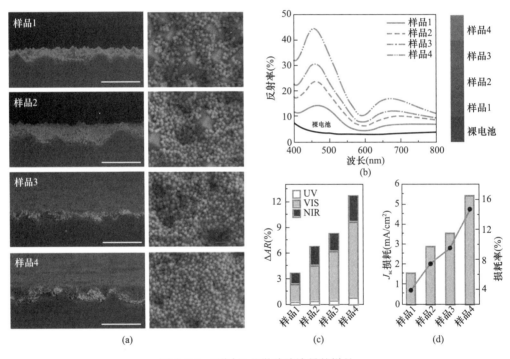

图 3.2-3　不同 ZnS 微球喷涂量的样品

（a）带有喷涂层光子玻璃的太阳能电池的扫描电子显微镜图像，包括横断面图（左）和前表面图（右），ZnS 微球的喷涂量从样品 1～样品 4 逐渐增加，标尺：$5\mu m$（左），$2\mu m$（右）；（b）与裸电池相比，样品 1～样品 4 的光谱反射率；(c) 样品 1～样品 4 的 ΔAR；(d) 估计的 J_{sc} 损耗和与裸电池相比的损耗率

为了评估反射率增加对 J_{sc} 的影响，提出通过考虑内部量子效率（IQE）和太阳光子通量（S）作为权重来计算平均反射率（AR）：

$$AR = \frac{\int_{\lambda_1}^{\lambda_2} R(\lambda) \cdot IQE(\lambda) \cdot S(\lambda)d\lambda}{\int_{\lambda_1}^{\lambda_2} IQE(\lambda) \cdot S(\lambda)d\lambda} \tag{3.2-1}$$

式中　$R(\lambda)$——光谱反射率，AR 与 J_{sc} 的损失之间的关系可由以下公式表示：

$$J_{sc}^{loss} = \Delta AR \cdot q \int_{\lambda_1}^{\lambda_2} IQE(\lambda) \cdot S(\lambda) \mathrm{d}\lambda \tag{3.2-2}$$

式中　ΔAR——彩色太阳能电池和裸露太阳能电池之间 AR 的差值。因此，ΔAR 的增加与 J_{sc} 的损失线性相关。

如图［3.2-3（c）］所示，彩色太阳能电池的 ΔAR 主要来自可见光（VIS）波长（400～700nm），而紫外线（UV）波长（300～400nm）和近红外线（NIR）波长（700～1200nm）的不必要损失约占 30%。这是因为光子玻璃可以选择性反射 VIS，但对 NIR 有高透过性。因此，尽管高亮度颜色会有更高的 J_{sc} 损失［图 3.2-3（d）］，对于样品 4，亮度约为 53，其 J_{sc} 和 PCE 的损失率估计不到 15%。这些分析证明了光子玻璃在实现高效彩色太阳能电池方面的潜力。

3. 对彩色太阳能电池的特性表征

如图 3-2.2（d）所示，改变微球的尺寸可以调整反射峰的位置，使得光子玻璃呈现不同的色调。使用直径分别为 247nm、295nm 和 340nm 的 ZnS 微球，制造出呈现不同色调的太阳能电池。与原始呈近乎黑色的太阳能电池相比，经过喷涂过程后，这些太阳能电池着色看起来是均匀的。此外，使用其他尺寸的单分散 ZnS 微球可以实现更多颜色。

彩色太阳能电池的光谱反射率，在喷涂了逐渐增大直径的 ZnS 微球后，分别在蓝光、绿光和红光波长范围的 455nm、515nm 和 615nm 处出现反射峰，因此它们显示出不同的色调。然而，尽管光子玻璃能够产生结构依赖的反射峰，但由于短波长处多次散射的强度更大，除了蓝色调外，其他颜色相对不饱和。

使用光谱反射率数据，可以使用式（3.2-1）和式（3.2-2）计算这些太阳能电池的 AR。与黑色太阳能电池相比，彩色太阳能电池的 AR 增加主要来自可见光波段，而来自 UV 和 NIR 波段的贡献较小。这是因为 UV 占比较少，并且光子玻璃对 NIR 具有高透明度。在 NIR 波段（700～1200nm），所有彩色太阳能电池的光谱反射率仅略高于黑色太阳能电池，这是高效率彩色太阳能电池的一个重要特征。通过评估 AR，预估这些彩色太阳能电池的 PCE 最多损失 5%。对太阳能电池喷涂前和喷涂后的 J-V 特性进行了测量。所有太阳能电池原本的 PCE 大约为 22.6%。在喷涂了 ZnS 微球并着色后，每个太阳能电池的 PCE 不可避免地降低，主要是由于 J_{sc} 的降低，而 V_{oc} 和 FF 仅有微不足道的变化。这些特性与高效率彩色太阳能电池的理论指导相一致。由于所有彩色太阳能电池的 J_{sc} 仍保持在原始水平的 95% 以上，涂层后的 PCE 仅相对减少了不到 5%，因此这些彩色太阳能电池的 PCE 仍超过 21.50%。这与通过评估 AR 估计的结果一致。

4. 彩色光伏组件的特性表征

在开发了彩色太阳能电池之后，下一步是将这些太阳能电池封装成太阳能光伏组件，这是确保太阳能电池在实际条件下能有效工作，并具有长使用寿命的不可或缺的步骤。如图 3.2-1（c）所示，光伏组件通常由玻璃盖板、封装材料（如 EVA）、太阳能电池和背板组成。在真空和加热环境下层压后，彩色太阳能电池被 EVA 封装，并由玻璃盖板和背板保护。此外，光伏组件封装过程只是将易损的光子结构从外部环境中保护起来。由于所有空气在这一过程中都被排除，EVA 将充分填充光子玻璃层在太阳能电池表面的空隙，减小了 ZnS 微球及其周围材料之间的折射率差异。因此，与彩色太阳能电池相比，封装后的彩色光伏组件的光谱反射率有所降低，并且反射峰略微红移。尽管如此，在可见光波长的光谱反射率中仍有明显的变化，使得光伏组件呈现出颜色。此外，这些光伏组件的颜色与角度无关，这是建筑外立面装饰所期望的特性。电流、电压测量进一步证实，喷涂 ZnS 微球仅轻微降低了 J_{sc}，并且对 V_{oc} 和 FF 没有负面影响。由于反射率的提升不显著，彩色光伏组件的 PCE 仍然超过 20.90％，与普通黑色光伏组件的 21.21％ 保持接近。

在实际应用中，长期稳定性是一个基本要素，基于硅的光伏已经实现了这一点。因此，涂覆的介电微球是否稳定，以及它们是否影响光伏组件的寿命是一个重要的问题。为了确认这一点，进行了老化测试，包括 10d 的户外日光暴露以及 1000h 标准的湿热测试（温度为 85℃，相对湿度为 85％，基于国际电工委员会标准）。所有制造的彩色光伏组件的 PCE 相对减少了约 2％，仍然高于 20％，满足了小于 5％ PCE 损失的标准要求。老化测试后，可以观察到普通光伏组件的外观保持相似，而边缘出现了一点黄变，主要是由于 EVA 水解反应，而这种效应会稍微影响彩色光伏组件的外观。

为了展示所提出方法的大规模生产能力，制造了一个尺寸为 0.88m×0.65m 的彩色光伏组件。彩色光伏组件由 36 块串联的硅太阳能电池组成，每块尺寸为 210mm×70mm，PCE 约为 22％。在制造过程中，增加的步骤只是在串焊后以及面板层压前，对太阳能电池喷涂涂层。面板中的电池串呈现出不同的颜色，与常见的黑色光伏组件形成鲜明对比。电流-电压测试结果表明，彩色光伏组件在 1000W/m² 下的最大功率超过 108W，相当于整个面板面积的 PCE 为 18.95％。而考虑到有效太阳能电池区域的 PCE 为 20.48％，通过优化设计，还可以进一步提高 PCE。此外，由于将 ZnS 微球作为光子颜料，彩色图案和不同颜色的混合也可以轻松实现，这有助于进一步提升光伏组件的美观度，以适应建筑一体化。为了展示这一优势，制造了带有复杂图案的光伏组件。同样，这些带有彩色图案的光伏组件也保持了高于 20.9％的 PCE。

5. 该彩色光伏技术的优势和劣势

研究结果表明，通过喷涂光子玻璃实现的彩色光伏可能具有高效率、良好的可扩展性和低制造成本的特点。为了使彩色光伏尽可能具有高效率，太阳辐射应该被太阳能电池吸收，或者被功能层反射［图 3.2-1（a）］以产生颜色，并且不应有额外的耗散。由于由单分散 ZnS 微球自组装形成的光子玻璃全是介电的，且可以选择性地反射可见光，因此保证了低 PCE 损失。与之前报道的光伏着色技术相比，这种方法使得彩色太阳能电池的性能几乎与使用周期性多层介电薄膜的彩色太阳能电池相当，明显优于使用像无机颜料这样的光吸收材料的彩色太阳能电池。

尽管低效率损失和理想的颜色外观也可以通过使用具有周期性结构的介电光子材料来实现，但大规模生产的高成本可能会阻碍它们在市场上被广泛接受。自组装的介电微球形成的光子玻璃可以避免这个问题，由于它的无序结构没有对周期性的严格要求，使得制造条件变得非常简单。因此，基于所提出技术的彩色太阳能电池和光伏组件不仅具有高PCE，还具有大规模生产能力。此外，其生产过程成本低，灵活性高，对环境和设备没有任何特殊要求。对于不同颜色的玻璃，彩色光伏的成本主要取决于单分散微球的消耗。通过初步估计 ZnS 微球的消耗量，可得出结论：由于光子玻璃层非常薄，因此只需要少量的 ZnS 微球。考虑到单分散微球可以在低温和常压下通过溶液法合成，原材料也便宜，可以预计在生产规模化时，为太阳能电池着色的光子玻璃层的成本会很低。

随机组装结构的好处是制造成本低，但局限性是不能生成饱和度高的色调，因为光子玻璃在短波长处有较强的多次散射。因此，本研究中实现的颜色不是很饱和。增加 ZnS 微球的喷涂量可以使颜色更亮，但更不饱和。虽然反射率更高，这些光伏组件的 *PCE* 略有下降，但仍然高于 20%。由于当前研究已经证明了提出技术的可行性，未来的工作将专注于扩大颜色范围，形成更多适用于建筑光伏系统的颜色。

3.2.3　实验部分

1. 合成单分散 ZnS 微球

在一个典型的合成过程中，将 0.53g 的 PVP（聚乙烯吡咯烷酮）和 75mL 去离子水加入烧瓶中，磁力搅拌以完全溶解 PVP。将烧瓶加热至 80℃。接下来，加入 0.01mol 的 TAA（硫代乙酰胺），搅拌后加入 200μL 的硝酸溶液，搅拌约 10min。另外准备一份溶液，将 0.01mol 的硝酸锌 $[Zn(NO_3)_2 \cdot 6H_2O]$ 完全溶于 5mL 去离子水中，然后倒入烧瓶中。反应完成后，最终溶液通过离心，沉淀物用水和乙醇分别洗涤 2~3 次，通过迭代离心和分散，得到最终产品。

2. 制备彩色太阳能电池和彩色光伏组件

本研究中使用的所有太阳能电池均为市售产品，产品类型为单晶硅 PERC（被动式发射极和背面电池）太阳能电池，尺寸为 158.75mm×158.75mm×180μm。它们按原样使用，无需做任何处理。采用喷涂涂层的方法生产彩色太阳能电池的过程如下：首先将 ZnS 微球充分分散在乙醇中；然后将悬浮液装入喷枪中，通过调整喷涂速度和喷涂次数，可以在太阳能电池表面沉积所需数量的微球；最后，在乙醇蒸发后得到彩色太阳能电池。

将彩色太阳能电池按玻璃盖板、封装材料（如 EVA）、太阳能电池、封装材料和背板的顺序堆叠在一起，放入光伏层压机中最终制成了彩色光伏组件。

3. 表征

使用数码相机在 LED 白光或阳光下拍摄太阳能电池和光伏组件的外观照片。在 300~1200nm 的波长范围内，使用分光光度计配备 150mm 直径积分球来表征太阳能电池和光伏组件的光谱反射率。测量太阳能电池和光伏组件的光谱反射率时，不包括太阳能电池表面的汇流条。使用透射电子显微镜分析 ZnS 微球的尺寸和形态，使用场发射扫描电子显微镜观察彩色太阳能电池的表面微观结构。

在喷涂涂层前后测量太阳能电池的电流-电压特性，使用的是配备探针测试结构的工业太阳能电池分选机和 AAA 级太阳模拟器。光伏模块的电流-电压特性是使用源表和 AAA 级太阳模拟器来测量的。所有测量都在 AM 1.5G 1-sun 照明（辐照度为 1000W/m²）和空调室内环境下进行，相对湿度约为 40%，温度约为 25℃。测量前，太阳能电池和组件没有经过任何预处理。当测量太阳能电池和光伏组件时，分别使用标准太阳能电池和光伏组件作为参考。在测量过程中，太阳能电池和光伏组件的整个有效区域被照明，没有使用任何遮罩。在评估 PCE 时，考虑了整个太阳能电池表面的面积，即 15.875cm×15.875cm。所有的电流-电压曲线都是在正向扫描（−0.1~0.7V）中获得的，采样数量为 200，采样时间为 40μs。

3.2.4　小结

本节展示了一项结合光子玻璃与太阳能光伏的技术，用于开发具有高效率的彩色光伏。通过使用如胶体 ZnS 这样的高折射率单分散介电微球,可以实现具有高 *PCE* 和大规模生产能力的彩色太阳能电池和光伏组件。在彩色化太阳能电池的过程中,*PCE* 损失较低,彩色光伏组件仍具有超过 20% 的 *PCE*。这归功于由单分散微球形成的介电光子结构,它可以选择性地反射可见光,但几乎不吸收太阳辐射。更重要的是,老化测试证明高 *PCE* 的光伏组件可以保持较长时间。此外,用于生成颜色的光子玻璃层是通过微球的自组装过程制成的,因此具有较高的生产灵活性。总体而言,本研究为具有高效率、大规模生产能力和低成本特点的彩色太阳能光伏技术提供了启示,这有助于推广分布式光伏系统,促进光伏在建筑中的进一步应用①。

本章参考文献

[1] HUANG J,CHEN X,YANG H,et al. Numerical investigation of a novel vacuum photovoltaic curtain wall and integrated optimization of photovoltaic envelope systems [J]. Applied Energy,2018,229:1048-1060.

[2] HUANG J,CHEN X,PENG J,et al. Modelling analyses of the thermal property and heat transfer performance of a novel compositive PV vacuum glazing [J]. Renewable Energy,2020,163:1238-1252.

[3] JUNCHAO H,QILIANG W,XI C,et al. Experimental investigation and annual overall performance comparison of different photovoltaic vacuum glazings [J]. Sustainable Cities and Society,2021,75:103282.

[4] QIU C,YANG H,ZHANG W. Investigation on the energy performance of a novel semi-transparent BIPV system integrated with vacuum glazing [J]. Building Simulation,2019,12 (1):29-39.

[5] QIU C,YI Y K,WANG M,et al. Coupling an artificial neuron network daylighting model and building energy simulation for vacuum photovoltaic glazing [J]. Applied Energy,2020,263:114624.

[6] ZHANG W,LU L,CHEN X. Performance evaluation of vacuum photovoltaic insulated glass unit [J]. Energy Procedia,2017,105,322-326.

[7] WIENOLD J,CHRISTOFFERSEN J. Evaluation methods and development of a new glare prediction model for daylight environments with the use of CCD cameras [J]. Energy & Buildings,2006,38 (7):743-757.

[8] ISO. Thermal Performance of windows and doors—Determination of solar heat gain coefficient using solar simulator—Part 2:Centre of glazing:ISO 19467-2—2021 [S]. Geneva:International Organization for Standardization,2021.

[9] QIU C,YANG H. Daylighting and overall energy performance of a novel semi-transparent photovoltaic vacuum glazing in different climate zones [J]. Applied Energy,2020,276:115414.

[10] LI Z,MA T,LI S,et al. High-efficiency,mass-producible,and colored solar photovoltaics enabled by self-assembled photonic glass [J]. ACS Nano,2022,16 (7):11473-11482.

[11] LI Z,MA T,YANG H,et al. Transparent and colored solar photovoltaics for building integration [J]. Solar RRL,2021,5 (3):2000614.

① 如需了解更多与本节相关的彩色光伏研究的详细信息,敬请读者参考发表于 *ACS NANO* 期刊的原文:*High-efficiency,mass-producible,and colored solar photovoltaics enabled by self-assembled photonic glass*。

[12] CUI Y，YAO H，ZHANG J，et al. Over 16% efficiency organic photovoltaic cells enabled by a chlorinated acceptor with increased open-circuit voltages [J]. Nature Communications，2019，10 (1)：2515.

[13] CHEN B，BAEK S W，HOU Y，et al. Enhanced optical path and electron diffusion length enable high-efficiency perovskite tandems [J]. Nature Communications，2020，11 (1)：1257.

[14] Halme J，Makinen P. Theoretical efficiency limits of ideal coloured opaque photovoltaics [J]. Energy and Environmental Science，2019，12 (4)：1274-1285.

[15] RØYSET A，KOLAS T，JELLE B P. Coloured building integrated photovoltaics：Influence on energy efficiency [J]. Energy and Buildings，2020，208：109623.

[16] NEDER V，LUXEMBOURG S L，POLMAN A. Efficient colored silicon solar modules using integrated resonant dielectric nanoscatterers [J]. Applied Physics Letters，2017，111 (7)：073902.

[17] EGGERS H，GHARIBZADEH S，KOCH S，et al. Perovskite solar cells with vivid，angle-invariant，and customizable inkjet-printed colorization for building-integrated photovoltaics [J]. Solar RRL，2022 (4)：6.

[18] LIU X，HUANG Z，ZANG J. All-Dielectric silicon nanoring metasurface for full-color printing [J]. Nano Letters，2020，20 (12)：8739-8744.

[19] SOMAN A，ANTONY A. Colored solar cells with spectrally selective photonic crystal reflectors for application in building integrated photovoltaics [J]. Solar Energy，2019，181：1-8.

[20] TSAI C Y，TSAI C Y. See-through，light-through，and color modules for large-area tandem amorphous/microcrystalline silicon thin-film solar modules：Technology development and practical considerations for building-integrated photovoltaic applications [J]. Renewable Energy，2020，145：2637-2646.

[21] JOLISSAINT N，HANBALI R，HADORN J C. Colored solar facades for buildings [J]. Energy Procedia，2017，122：175-180.

[22] BLASI B，KROYER T，KUHN T E，et al. The morphocolor concept for colored photovoltaic modules [J]. IEEE Journal of Photovoltaics，2021，11 (5)：1305-1311.

[23] JI C，ZHANG Z，MASUDA T，et al. Vivid-colored silicon solar panels with high efficiency and non-iridescent appearance [J]. Nanoscale Horizons，2019，4 (4)：874-880.

[24] SHAFIAN S，LEE G E，YU H，et al. High-efficiency vivid color CIGS solar cell employing non-destructive structural coloration [J]. Solar RRL，2022，6 (4)：2100965. 1-2100965. 9.

[25] GOERLITZER E S A，TAYLOR R N K，VOGEL N. Bioinspired photonic pigments from colloidal self-assembly [J]. Advanced Materials，2018，30 (28)：1706654. 1-1706654. 15.

[26] MENG F，WANG Z，ZHANG S，et al. Bioinspired quasi-amorphous structural color materials toward architectural designs [J]. Cell Reports Physical Science，2021，2 (7)：100499.

[27] SCHERTEL L，SIEDENTOP L，MEIJER J M，et al. The structural colors of photonic glasses [J]. Advanced Optical Materials，2019，7 (15)：1900442. 1-1900442. 7.

[28] SHANG G，EICH M，PETROV A. Photonic glass based structural color [J]. APL Photonics，2020，5 (6)：060901.

[29] HÄNTSCH Y，SHANG G，LEI B. Tailoring disorder and quality of photonic glass templates for structural coloration by particle charge interactions [J]. ACS Applied Materials and Interfaces，2021，13 (17)：20511-20523.

[30] VICTORIA HWANGA，ANNA B STEPHENSON，SOLOMON BARKLEY. Designing angle-independent structural colors using Monte Carlo simulations of multiple scattering [J]. Proceedings of

the National Academy of Sciences，2021，118（4）：1-10.

[31] RAMIREZ-CUEVAS F V，PARKIN I P，PAPAKONSTANTINOU I，et al. Universal theory of light scattering of randomly oriented particles：A fluctuational-electrodynamics approach for light transport modeling in disordered nanostructures［J］. ACS Photonics，2022，9（2）：672-681.

[32] KARG M，KO·NIG T A F，RETSCH M，et al. Colloidal self-assembly concepts for light management in photovoltaics［J］. Materials Today，2015，18（4）：185-205.

[33] LIU T，VANSADERS B，GLOTZER S C，et al. Effect of defective microstructure and film thickness on the reflective structural color of self-assembled colloidal crystals［J］. ACS Applied Materials and Interfaces，2020，12（8）：9842-9850.

[34] HYNNINEN A P，THIJSSEN J H，VERMOLEN E C M，et al. Self-assembly route for photonic crystals with a bandgap in the visible region［J］. Nature Materials，2007，6（3）：202-205.

[35] BOHREN C F，HUFFMAN D R. Absorption and Scattering of Light by Small Particles［M］. Hoboken：John Wiley & Sons，2008.

[36] Y TAKEOKA. Angle-independent structural coloured amorphous arrays［J］. Journal of Materials Chemistry，2012，22（44）：23299-23309.

[37] WIERSMA，DIEDERIK S. Disordered photonics［J］. Nature Photonics，2013，7（3）：188-196.

[38] P. D. GARCÍA，SAPIENZA. BLANCO，et al. Photonic glass：A novel random material for light ［J］. Advanced Materials，2007，19（18）：2597-2602.

[39] HWANG V，STEPHENSON A B，MAGKIRIADOU S，et al. Effects of multiple scattering on angle-independent structural color in disordered colloidal materials［J］. Physical Review. E，2020，101（1-1）：012614.

[40] SCHOLZ S M，VACASSY R，DUTTA J，et al. Mie scattering effects from monodispersed ZnS nanospheres［J］. Journal of Applied Physics，1998，83（12）：7860-7866.

[41] VELIKOV K P，BLAADEREN A V. Synthesis and characterization of monodisperse core-shell colloidal spheres of zinc sulfide and silica［J］. Langmuir：The ACS Journal of Surfaces and Colloids，2001，17（16）：4779-4786.

[42] HAN J，FREYMAN M C，FEIGENBAUM E，et al. Electro-optical device with tunable transparency using colloidal core/shell nanoparticles［J］. ACS Photonics，2018，5（4）：1343-1350.

[43] WANG F，ZHANG X，LIN Y，et al. Fabrication and characterization of structurally colored pigments based on carbon-modified ZnS nanospheres［J］. Journal of Materials Chemistry，C. materials for optical and electronic devices，2016，4（15）：3321-3327.

[44] S. MAGKIRIADOU，JIN-GYU PARK，YOUNG-SEOK KIM，et al. Absence of red structural color in photonic glasses，bird feathers，and certain beetles［J］. Physical review. E，Statistical，nonlinear，and soft matter physics，2014，90（6）：062302.

[45] KUTTER C，BLÄSI B，WILSON H R，et al. Decorated building-integrated photovoltaic modules：Power loss，color appearance and cost analysis［C］//Proceedings of the 35th European Photovoltaic Solar Energy Conference and Exhibition（EUPVSEC），September 24-28，2018，SQUARE-Brussels Meeting Centre，Brussels，Belgium. Belgium，EUPVSEC：1488-1492.

[46] JACUCCI G，VIGNOLINI S，SCHERTEL L. The limitations of extending nature's color palette in correlated，disordered systems［J］. Proceedings of the National Academy of Sciences，2020，117（38）：23345-23349.

第4章　建筑光伏光热系统

太阳能光伏发电与太阳能光热利用是目前太阳能大规模应用的主要方式，然而目前的太阳能光伏、光热技术各自存在一定的局限性。对于光伏技术，太阳能电池转化效率一般不高于20％，未被转换的太阳能主要以热能的形式被吸收，导致太阳能电池温度升高，这不仅会降低太阳能电池的工作效率，还可能加速太阳能电池的老化过程。研究表明，太阳能电池温度每升高1℃，光电转化效率降低0.2％～0.5％。对于光热技术，由于热能是一种低品位能源，其㶲效率较低，因此，收集到的太阳辐射应用范围受限。为了克服这一限制，KERN于1978年首次提出光伏光热综合利用的概念（简称PV/T技术），即在光伏发电的同时，将流体引入太阳能电池背面，在冷却太阳能电池的同时，收集其表面热量并加以利用。相比单独的光伏、光热技术，光伏光热综合利用技术在相同的采光面积下，不仅能够同时产生电能和热能，还能增强太阳能电池的可靠性并延长其使用寿命。

建筑不仅是人类活动的空间，也是实现太阳能高效利用的理想平台。将PV/T技术与建筑外围护结构结合，可在提供清洁电力的同时，满足建筑的供暖、热水、通风、干燥等多元化需求，是实现建筑碳中和的有效途径。目前，国际上PV/T技术种类繁多，主要研究方向包括太阳能电池、冷却流体、换热结构以及制造工艺的选型与改进。本章主要介绍笔者研究团队近年来在PV/T领域的最新研究成果，主要包括光伏光热综合利用模块和光伏光热综合利用建筑构件。

4.1　光伏光热综合利用模块

4.1.1　无玻璃盖板型PV/T模块

无玻璃盖板型PV/T模块中采用的光伏组件由36块多晶硅太阳能电池组成，其参数如表4.1-1所示。该组件无铝合金框架，是半成品光伏，厚度约5mm，上面覆盖一层玻璃作为太阳能电池保护层，背面贴有一层聚偏氟乙烯薄膜（TPT）作为绝缘层。

光伏组件参数　　　　　　　　　　　表4.1-1

参数	类型/值
电池类型	多晶硅电池
电池数量	4×9
盖板材料	3.2mm 低铁玻璃
组件尺寸	1480mm×670mm×5mm

续表

参数	类型/值
最大功率（STC）	153.04W
最大功率点电压	18.03V
最大功率点电流	8.80A
开路电压	22.45V
短路电流	9.34A
功率温度系数	－0.44%/℃

吸热板采用尺寸为 1450mm×640mm×1.5mm 的卷式铝板，其尺寸参数详见表 4.1-2。为了降低吸热板内的沿程压力损失，吸热板内流道为平行通道。平行通道具有使吸收板和太阳能电池温度分布均匀的优势。吸热板内，上升管与长边对齐，以控制水温上升，矩形 PV/T 系统的长边水平安放。利用光伏层压机（图 4.1-1）和 EVA 胶粘剂，将光伏组件热压在吸热板上。该过程包括抽真空、加热、加压、EVA 熔化以及冷却等关键步骤。随后，将裸露的 PV/T 面板与合金框架进行边缘密封，并在吸热板背面附加 40mm 的橡胶塑料泡沫进行保温。无玻璃盖板的设计是考虑四川盆地的气候条件，即冬季风速较低、气温温和、太阳辐射较弱。最后，使用环氧树脂板将整个 PV/T 模块从底部封闭。完成后的无玻璃盖板型 PV/T 模块的尺寸为 1480mm×670mm×52mm。

吸热板尺寸参数 　　　　　　　　　　　　　　　　　　　　　表 4.1-2

参数	值
吸热板尺寸（mm）	1450×640×1.5
流道数量（个）	18
流道间距（mm）	80
流道长度（mm）	600
流道横截面积（mm²）	19.7
流道水力直径（mm）	3.24

光伏组件　　　　　　　　　吸热板　　　　　　　　　光伏层压机

图 4.1-1　系统加工过程

PV/T 系统的实验测试装置由 PV/T 模块、圆形水箱以及若干控制阀和止回阀构成，通过 PP-R（三丙聚丙烯）管进行连接，形成一个开式的自然循环回路系统。在回路的旁路上并联连接了一台泵，用于进行强制循环模式操作，该模式可以提供 0.5～1.5L/min 的循环水流量。该 PV/T 测试装置安装在成都市某住宅楼的屋顶，系统测试平台如图 4.1-2 所示，集热器平面倾斜角为 33°、方位角为 0°。系统性能监测是在 2017 年 6 月至 2018 年 5 月期间的典型当地天气条件下进行的。测量仪器与设备的连接如图 4.1-3 所示，主要包括：①1 个用于测量水平全辐射度的辐照仪；②1 个用于测量水平漫射辐照度的辐照仪；

③1 个电流-电压（I-V）曲线测试仪，用于监测光伏输出；④水路中的 1 个涡轮流量传感器；⑤4 个 Pt100 电阻温度传感器，分别位于 PV/T 系统水回路的进口和出口，以及 8 个在深度方向均匀浸入水箱的 Pt100 传感器；⑥5 个水柱计，分别与水回路的不同位置连接，用于测量相关段的压力降；⑦气象站，用于测量 PV/T 模块附近的风速、环境温度和相对湿度；⑧2 个数据采集设备和 1 台笔记本电脑。除了 I-V 曲线测试仪每 2min 测量 1 次外，其他所有数据都由数据采集设备以 1min 的间隔记录。

图 4.1-2　系统测试平台

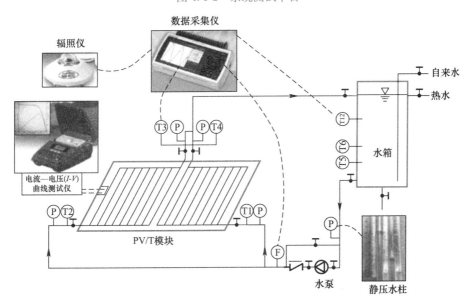

图 4.1-3　测量仪器及设备连接示意图

┳—阀门　　◢—止回阀

F—流量计　　T1～T12—温度传感器

通过测量进、出口水温（T_{fi} 和 T_{fo}）、流量 $\dot{m}$、入射太阳辐照度 G_T，以及最大功率点的电压和电流（V_{mpp} 和 I_{mpp}），可以得出测试模块的热性能和电性能：

$$\eta_{th} = \frac{\dot{m}C_p(T_{fo} - T_{fi})}{G_T A_c} \tag{4.1-1}$$

$$\eta_{e} = \frac{V_{mpp} I_{mpp}}{G_T A_c} \tag{4.1-2}$$

式中　　η_{th}——热效率；

　　　　C_p——比热容；

　　　　η_e——发电效率；

　　　　A_c——系统面积。

本研究利用测试获得瞬态热效率和发电效率。PV/T 模块的测试标准参考了太阳能集热器的测试标准。

图 4.1-4 展示了 PV/T 模块在 2018 年 3 月 22 日和 4 月 16 日正午时的瞬态热效率。在测试期间的太阳辐照度超过 850W/m²，环境温度分别为 22.6℃±1℃和 24.5℃±1.5℃，风速在 1.0~4.0m/s 之间变化，水流量分别为 1.2L/min 和 1.24L/min，进口初始水温稳定在约（28~30）℃±0.2℃，在太阳正午的对应时间内，借助电加热器将进口温度调整在 30~65℃范围内。测试数据以 $\frac{T_{fm} - T_a}{G_T}$ 与 η_{th} 的关系进行绘制，其中 T_{fm} 是进口水温和出口水温的算术平均值，T_a 为环境温度。

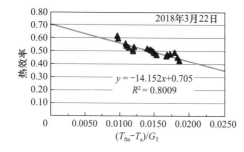
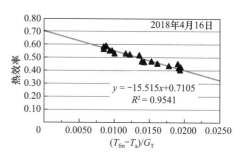

图 4.1-4　系统热效率

太阳能热效率通常表示为与归一化温差的函数：

$$\eta_{th} = F' \left[(\tau\alpha)_{eff}(1 - \eta_e) - U_L \frac{T_{fm} - T_a}{G_T} \right] = \eta_{t0} - a_1 \frac{T_{fm} - T_a}{G_T} \tag{4.1-3}$$

式中　　F'——集热器的效率因子，表示集热器的实际性能与理想性能的比率；

　　　　U_L——总热损系数，表示集热器的热损失能力；

　　　　η_{t0}——在归一化温差为零时的热效率（即平均水温等于环境温度时的情况）；

　　　　a_1——温度损失系数。

从图 4.1-4 中的趋势线可以看出，截距分别为 0.705 和 0.7105，这表明 PV/T 模块在零温差时的热效率约为 0.71。此外，斜率分别为 14.152 和 15.515。这种轻微差异来自整体热损失的差异，因为两次测试的操作条件并不完全相同。例如，在 4 月 16 日进行的测试中的风速较 3 月 22 日的测试中的风速有所提高。

在相同的性能测试中，I-V 曲线测试仪每两分钟捕获 PV/T 模块的最大功率点功率。测试结果显示，光伏效率在 10.6%~11.4%间波动，太阳能电池温度介于 35~50℃。考虑到太阳能电池的参考效率为 15.4%（STC），式（4.1-3）中的有效透过吸收乘积（$\tau\alpha$）$_{eff}$ 约为 0.8。此外，在实验期间观察到了电性能的下降；在 2018 年之前，发电效率通常在 11.0%~

15.0%之间，然而 2018 年 3 月的数据记录显示发电效率在 10.2%～13.0%之间波动。

4.1.2　两种不同流道形状的 PV/T 模块

本节描述了两个具有不同吸热板的 PV/T 模块并对比研究其性能。两个 PV/T 模块的吸热板均采用轧制铝板，其中吸热板 1 为竖排通道吸热板，吸热板 2 为网格通道吸热板，如图 4.1-5 所示。具有吸热板 1 的 PV/T 模块称为 PV/T1，具有吸热板 2 的 PV/T 模块称为 PV/T2。除了吸热器的不同通道配置外，两个测试装置的组成相同，包括无盖板光伏组件、水箱以及若干控制阀和止回阀，通过 PP-R 管连接成为一个开式的自然循环回路系统。同时，备用泵连接在回路的旁路上，按需启用。图 4.1-6 展示了带有网格通道吸热板的测试装置。考虑到成本控制和易获得性，采用了半成品商用光伏组件。每个组件由 36 块多晶硅太阳能电池组成，在标准测试条件下的发电效率为 15.43%，温度系数为 −0.44%/℃。两个光伏热水系统的背面吸热板都采用了 40mm 的橡胶塑料泡沫进行绝缘。每块光伏组件都通过 EVA 胶粘剂在高温高压下与吸热板热压层压。

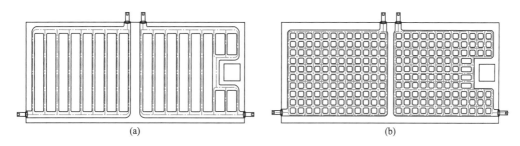

图 4.1-5　两种吸热板
（a）竖排通道吸热板；（b）网格通道吸热板

两个 PV/T 模块的对比实验测试在成都市某住宅楼顶进行，共测试了停滞温度、临界辐射水平和吸热板的压降。当天气条件符合标准的室外测试稳态条件时，可以获得系统的稳态热性能；在非稳态条件下，可以获得在不同条件下的瞬态效率。测量涉及的设备和物理量主要包括：①2 个太阳辐射计，分别测量水平和倾斜面的辐照度；1 个散射辐射计，用于测量水平散射辐照度；②1 台 I-V 曲线检测仪，轮

图 4.1-6　带有网格通道吸热板的测试装置

流用于测试光伏热水系统的发电功率；③每个主回路中有 2 个涡轮流量传感器，用于测量循环流量；④16 个 Pt100 电阻温度检测器，分布在水回路的进口和出口，以及均匀分布在水箱的竖直方向；⑤在水回路的不同位置连接了 9 个水柱计，用于测量相关段的压力降；⑥1 个综合测试仪用于测量风速、环境温度和相对湿度；⑦数据采集系统。除电功率测量外，其余实验数据都以 1min 的间隔记录，I-V 曲线检测仪每分钟依次监测两个 PV/T 模块，对于每个模块，记录时间步长为 2min。通过测量系统入口和出口的水温、流量、入射太阳辐照度，以及最大功率点操作时的电压和电流，可以综合评估测试模块的热性能和电性能。

从 2017 年 6 月到 2018 年 5 月，在典型的当地天气条件下进行性能监测。图 4.1-7 和图 4.1-8 分别展示了两个 PV/T 系统在晴天和多云天气下的瞬时效率。2018 年 4 月 16 日，PV/T1 和 PV/T2 的平均热效率分别为 27.5％和 28.9％，表明了带网格通道吸热板的性能更好。PV/T1 和 PV/T2 的平均发电效率分别为 11.2％和 11.6％，同样是后者高于前者。2017 年 9 月 20 日，PV/T1 和 PV/T2 的平均热效率分别为 24.6％和 26.6％，PV/T1 和 PV/T2 的平均发电效率分别为 10.6％和 11.1％，结果也展现出相同的特征。数据表明，具有网格通道吸热板的 PV/T2 的热性能和电性能通常优于具有竖排通道吸热板的 PV/T1。由于较高的热效率，可以有效移走更多的热量，从而获得更低的光伏电池温度，因此实现了更高的光电转换效率。

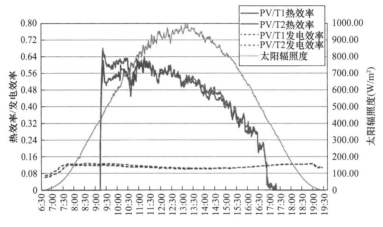

图 4.1-7　晴天条件下测试结果

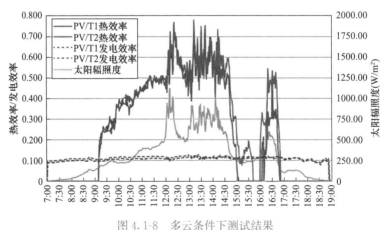

图 4.1-8　多云条件下测试结果

4.2　光伏光热综合利用建筑构件

4.2.1　PV/T 遮阳百叶

图 4.2-1 为 PV/T 遮阳百叶结构图。百叶单元自上而下分别为铜铟镓硒（CIGS）薄膜

电池、铝板条以及铜管。利用导热硅胶将 CIGS 薄膜电池粘结在板条上表面，铜管利用激光电焊焊接在铝板条下侧。这些百叶单元以一定倾角平行排列，铜管两侧分别用进出水的集管（图中未画出）连接固定，形成 PV/T 遮阳百叶。

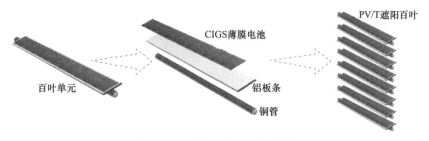

图 4.2-1　PV/T 遮阳百叶结构图

当该系统内置于双层玻璃窗或玻璃幕墙时，其工作原理如图 4.2-2 所示。该系统工作模式包括光伏/热空气模式和光伏/热水模式：①光伏/热空气模式：在供暖季，将内层玻璃上下通风口与风机打开，并将水管排空。太阳辐射透过外层玻璃照射到百叶表面，PV/T 遮阳百叶吸收的辐射一部分转化为光伏电力，另一部分转化为内能。在风机的驱动下，温度较低的室内空气进入流道，被遮阳百叶加热后返回室内。因此，室内温度提高，建筑热负荷降低；同时，流动的空气可以降低太阳能电池温度，提高了发电效率。②光伏/热水模式：在非供暖季，通风口和风机被关闭，并将连接系统进口集管的水泵打开。在水泵的驱动下，水流经铜管，被遮阳单元加热后从出口流出。该模式一方面冷却太阳能电池提高发电效率，另一方面减少了室内得热，进而降低建筑冷负荷；此外，该系统可实现水的预热，当系统与家庭用水管路或水箱连接时可减少热水负荷。因此，该 PV/T 遮阳百叶，不仅可以实现传统建筑百叶的遮阳功能，还能在不同季节实现百叶表面太阳辐射的光伏光热综合利用，满足建筑的季节性热需求。

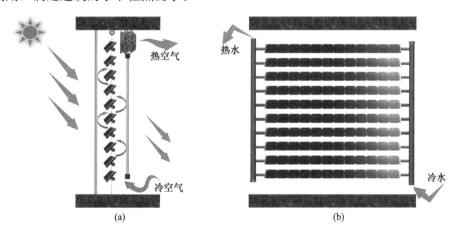

图 4.2-2　PV/T 遮阳百叶置于双层玻璃或玻璃幕墙时的工作原理
（a）光伏/热空气模式；（b）光伏/热水模式

对 PV/T 遮阳百叶进行加工与测试，加工过程和外观如图 4.2-3 所示。加工的主要步骤如下：①将铝板切割成长为 1m、宽 8cm 的板条。②利用激光焊接将内径为 7mm 的铜管焊接到板条背面，随后将与板条尺寸相同的光伏组件使用导热硅胶固定在板条正面，形成 PV/T 遮阳单元。所使用的太阳能电池类型为 CIGS，每个光伏组件由 20 个子太阳能电池串联而成，太阳能电池的宽为 5.2cm、长为 86cm。③使用过硬钎焊将遮阳单元的铜管进出口连接到集管上，形成 PV/T 遮阳百叶。样品总共包含 12 个 PV/T 遮阳单元，所有遮阳单元以 50°倾角平行放置，遮阳单元之间间距为 8cm。④将 PV/T 遮阳单元放置于两块宽为 1.2m、高为 1.3m 的钢化玻璃中间，其中内层钢化玻璃上下两端切割约为 0.15m 宽的通风口。所有玻璃以及遮阳百叶利用铁质框架固定，其中框架内侧附有保温棉。PV/T 遮阳百叶尺寸及物性参数如表 4.2-1 所示。

图 4.2-3　PV/T 遮阳百叶加工过程和外观

PV/T 遮阳百叶尺寸及物性参数　　　　　　　　　　　　表 4.2-1

构件	参数	值
外层玻璃	尺寸	1.2m（宽），1.3m（高），0.005m（厚）
	透过率	0.79
	密度	2800kg/m³
	比热容	850J/(kg·K)
	导热系数	0.76W/(m·K)
内层玻璃	尺寸	1.2m（宽），1.3m（高），0.005m（厚）
	透过率	0.79
	密度	2800kg/m³
	比热容	850J/(kg·K)
	导热系数	0.76W/(m·K)
铜管	内径	0.007m
	厚度	0.001m
	比热容	385J/(kg·K)
	密度	8933kg/m³
	导热系数	397W/(m·K)

续表

构件	参数	值
空气流道	深度	0.15m
通风口	尺寸	1.2m（宽），0.15m（高）
遮阳单元	厚度	0.003m
	比热容	880J/(kg·K)
	太阳能吸收率	0.9
	密度	2750kg/m³
	百叶宽度	0.08m
	百叶间距	0.08m
	百叶倾角	50°
	百叶个数	12 个

利用如图 4.2-4 所示的装置，在室内对 PV/T 遮阳百叶的热电性能进行测试。太阳模拟器产生的太阳辐射照射到 PV/T 遮阳百叶上。使用一个 80L 的水箱用于储存水，水泵为水箱和 PV/T 遮阳百叶之间的水循环提供动力。风扇安装在内玻璃顶部，并在底部设计了通风口以实现气流循环。测试设备包括热电偶、铂电阻、I-V 曲线测试仪、辐射计、流量计、风速仪、数据采集仪。表 4.2-2 包含了这些设备的详细信息。使用辐射计对 PV/T 遮阳百叶接收到的太阳辐射进行测量，结果显示太阳模拟器产生了辐射强度为 780W/m² 的太阳辐射。两个安置在进风口和出风口的铂电阻用于测量进出通风口的空气温度。此外，为了测量 PV/T 遮阳百叶的温度，还在第 2 块、第 6 块和第 10 块 PV/T 遮阳百叶的背面放置了 3 个热电偶。放置在空气腔内的风速仪用于测试系统的气流速度。在测试过程中，通过调节风扇的功率，测试了该装置光伏/热空气模式在 0.3m/s、0.6m/s 和 0.9m/s 的气流速度下的性能。PV/T 遮阳百叶的进出水口安装有铂电阻温度传感器，以记录相应的水温度。为了测量水箱内的水温，另外使用了 1 个铂电阻温度传感器。流量计用于测量循环系统的水流量，测试结果显示所使用的水泵流量为 15L/min。I-V 曲线测试仪每 10min 检

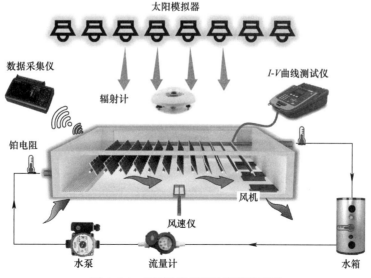

图 4.2-4 PV/T 遮阳百叶实验装置图

查一次光伏组件的发电能力。除了 *I-V* 曲线测试仪外，所有传感器均与数据记录仪相连，并且在实验过程中，采集测量数据的时间间隔为 1s。

测试设备详细信息　　　　　　　　　　　　　表 4.2-2

设备	测量精度
热电偶	±0.5℃
铂电阻	±0.2℃
I-V 曲线测试仪	±1%
辐射计	±0.2%
流量计	±1%
风速仪	±0.015m/s
数据采集仪	—

系统中，主要需要测试集热和发电性能，其中系统热效率定义为：

对于光伏/热空气模式：

$$\eta_{th} = \frac{m_a C_a (T_{a,out} - T_{a,in})}{GA} \qquad (4.2\text{-}1)$$

对于光伏/热水模式：

$$\eta_{th} = \frac{m_w C_w (T_{w,out} - T_{w,in})}{GA} \qquad (4.2\text{-}2)$$

电效率定义为：

$$\eta_e = \frac{P}{GA_{pv}} \qquad (4.2\text{-}3)$$

式中　　η_{th}——系统的热效率；

η_e——系统的发电效率；

m_a——流道内空气的质量流量，kg/s；

$T_{a,out}$、$T_{a,in}$——空气流道进、出口温度，℃；

m_w——系统的水流量，kg/s；

$T_{w,out}$、$T_{w,in}$——水在集管进、出口的温度，℃；

P——系统发电功率，W；

G——太阳辐照度，W/m²；

C_a、C_w——空气、水的比热容，J/(kg·K)；

A、A_{pv}——系统面积、光伏电池的面积，m²。

图 4.2-5 展示了光伏/热空气模式下的系统在 3 种不同的气流速度下的热性能。结果表明，随着流道内气流速度的提高，PV/T 遮阳百叶与空气的换热量增加，PV/T 遮阳百叶的温度逐渐降低。3 种气流速度对应的流道空气温度分别升高 6.8℃、4.1℃和 2.9℃。计算结果表明，3 种气流速度下的热效率分别为 39.3%、47.4%和 49.8%。随着气流速度的提高，由于太阳能电池的运行温度降低，发电效率也随着气流速度的提高而提高，对应 3 种气流速度的光伏效率分别为 5.28%、5.78%和 6.04%。

图 4.2-6 展示了光伏/热水模式下的系统热性能。在系统运行过程中，PV/T 遮阳百叶和水箱的温度同步升高，其中 PV/T 遮阳百叶的温度始终高于水箱的温度。经过 5h 的运

行，水箱的温升接近 20℃，瞬时热效率在 20%～40% 之间波动。值得注意的是，随着水箱温度的升高，瞬时热效率因水温和 PV/T 遮阳百叶之间的温差的降低而下降。系统在运行过程中的整体热效率稳定在 31% 左右。与此同时，由于太阳能电池温度的升高，发电效率逐渐降低，维持在 5.5% 左右。

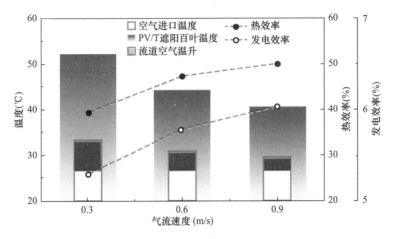

图 4.2-5　光伏/热空气模式下的测试结果

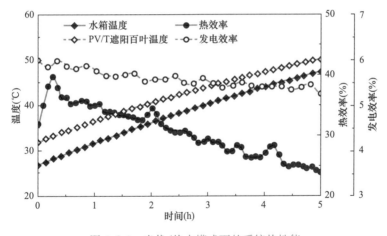

图 4.2-6　光伏/热水模式下的系统热性能

4.2.2　PV/T 建筑外窗

图 4.2-7 展示了 PV/T 建筑外窗（又名碲化镉光伏通风窗）的系统结构，从外到内依次为碲化镉光伏玻璃、空气流道、内层钢化玻璃以及 4 扇内外侧通风口。碲化镉光伏玻璃是由一层碲化镉薄膜光伏材料夹在两层钢化玻璃中间构成的。尽管碲化镉本身并不透光，但可根据实际应用的需要将碲化镉薄膜材料切割为小块子电池，以便光线可以自由通过子电池中间的间隙。子电池尺寸很小并且排列均匀，这意味着透光组件的光线分布均匀，不会对室内采光和用户的视野产生不利影响。

PV/T 建筑外窗在满足发电和照明需求的同时，可降低建筑的冷、热负荷。如图 4.2-8 所示，当日照充足时，PV/T 建筑外窗主要包含以下两种工作模式：①外循环模式。当室

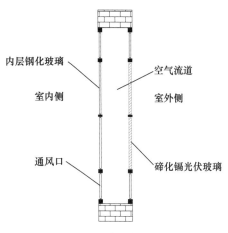

内层钢化玻璃
室内侧
通风口

空气流道
室外侧
碲化镉光伏玻璃

图 4.2-7　PV/T 建筑外窗的系统结构

内有制冷需求时，透过窗户的太阳能得热越少越有利于降低建筑负荷。此时，将室外侧上下通风口打开，室内侧上下通风口保持关闭。在太阳照射下，碲化镉光伏玻璃在发电的同时吸收太阳辐射并迅速升温，具有较高温度的碲化镉光伏玻璃在热对流的作用下加热流道内空气，流道内空气受热浮力的影响向上流动，经过外侧上通风口流至室外；室外温度较低的空气通过外侧下通风口进入空气流道。流道与室外的空气循环降低空气流道内的空气温度，减少了室内得热；与此同时，空气循环带走了碲化镉光伏玻璃表面热量，提高了发电效率。②内循环模式。当室内有供暖需求时，透过窗户的太阳能得热越多，越有利于降低建筑负荷。此时，将室外侧上下通风口关闭，室内侧上下通风口打开。与外循环模式类似，碲化镉光伏玻璃在太阳的照射下，温度升高并加热流道内空气，流道内空气由于热浮力的作用向上流动，流道内空气与室内空气通过内侧上下通风口形成空气循环。流道内温度较高的空气进入室内可增加室内得热，实现被动供暖。与此同时，碲化镉光伏玻璃温度降低，发电效率提高。

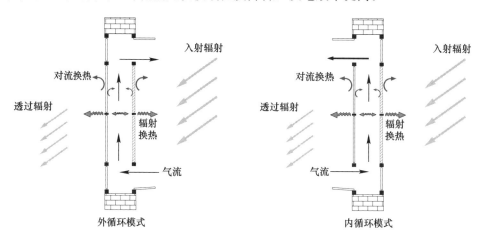

入射辐射
对流换热
透过辐射
辐射换热
气流
外循环模式

入射辐射
对流换热
透过辐射
辐射换热
气流
内循环模式

图 4.2-8　PV/T 建筑外窗工作原理图

为了测试碲化镉光伏通风窗的采光、传热、发电性能，在安徽省芜湖市草山村一栋民用建筑上搭建了实验平台，并对系统在实际环境条件下的运行情况进行了动态测试，实验平台外观如图 4.2-9 所示，系统安装在建筑的南向墙体上，主要尺寸和物性参数如表 4.2-3 所示。外层碲化镉光伏窗由 6 块相同大小的碲化镉光伏玻璃构成，内层玻璃窗由 6 块相同大小的普通钢化玻璃构成，为防止碲化镉光伏玻璃过度遮光导致室内光线不足，上下通风口均采用透明钢化玻璃，兼具采光功能。所采用的外层碲化镉光伏玻璃和内层钢化玻璃单块尺寸均为 1.05m×0.6m，碲化镉光伏玻璃的碲化镉电池覆盖率为 80%。实验房间尺寸为：宽 3.3m（东西向）、高 2.8m、进深 3.1m（南北向）；房间墙体从内到外依次为 28cm 厚的红砖墙体和 8cm 厚的聚苯乙烯保温墙体。

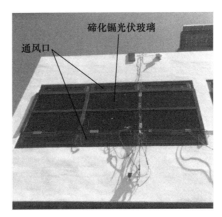

图 4.2-9　碲化镉光伏通风窗实验平台外观图

碲化镉光伏通风窗尺寸及物性参数　　　　　　　　　　　　　　表 4.2-3

构件	参数	值
碲化镉光伏玻璃	尺寸	3.15m（宽）、1.2m（高）、0.0064m（厚）
	透过率	0.15（太阳光）、0.16（可见光）
	密度	2800kg/m³
	比热容	850J/(kg·K)
	导热系数	0.76W/(m·K)
钢化玻璃	尺寸	3.15m（宽）、1.2m（高）、0.005m（厚）
	透过率	0.73（太阳光）、0.89（可见光）
	密度	2800kg/m³
	比热容	850J/(kg·K)
	导热系数	0.76W/(m·K)
碲化镉电池	覆盖率	0.8
	标准效率	10%
	温度系数	−0.214%/℃
空气流道	厚度	0.07m
通风口	尺寸	3.15m（宽）、0.15m（高）

测试内容包括室外辐照度、环境温度、室内外水平面照度、碲化镉光伏通风窗各部件温度、电力输出、室内温度。其中，部分测量仪器详细描述如下：①温度测量：采用 T 型热电偶，测量精度为±0.5℃。测量温度包括环境温度、室内温度、外层碲化镉光伏玻璃温度、内层钢化玻璃温度、空气流道温度以及各墙体温度。热电偶的布置如下：光伏玻璃和钢化玻璃沿竖直方向布置 2 个测点，空气流道沿竖直方向等间距布置 6 个测点，室内在房间正中心位置沿竖直方向布置 3 个测点。②太阳辐射测量：采用辐射计，测量误差不超过±2%。辐照测量包括室外水平面总辐照度、室外竖直面总辐照度。竖直面辐射计安装位置与碲化镉光伏通风窗平行。③电力输出测量：采用 I-V 曲线测试仪，测量误差不超过1%。该测试仪可以同时输出光伏组件的实时最大功率以及电压、电流等参数。电力输出为手动测量，测试期间每 5min 测量一次。除 I-V 曲线测试仪外，其余所有实验仪器均连接到数据采集仪，实验数据每 10s 记录一次（图 4.2-10、图 4.2-11）。

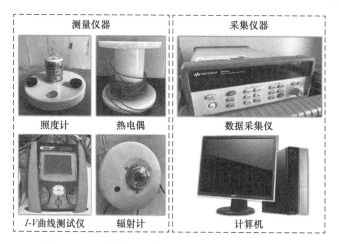

图 4.2-10　碲化镉光伏通风窗实验测量和采集仪器

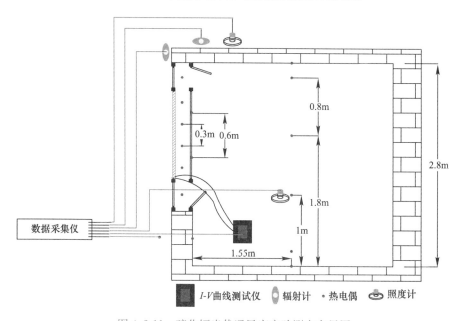

图 4.2-11　碲化镉光伏通风窗实验测点布局图

碲化镉光伏通风窗的光电转化效率 η_{e} 定义为：系统的发电功率与照射在系统南向的太阳辐照度的比值。其计算公式为：

$$\eta_{e}=\frac{E}{IA\varepsilon} \tag{4.2-4}$$

式中　E——系统光电输出功率，W；

　　　I——光伏通风窗表面接收到的太阳辐照度，W/m^2；

　　　A——光伏通风窗面积，m^2；

　　　ε——碲化镉电池覆盖率。

窗户的传热性能一般由太阳得热系数（$SHGC$）和保温系数（U值）衡量。

太阳得热系数是指通过窗户进入室内的太阳能得热（包括直接透过窗户进入室内的太阳辐射和被窗户吸收后通过对流/辐射进入室内的热量）与入射到窗户表面的太阳总辐射

量的比值,对于本系统,太阳得热系数的计算公式为:

外循环模式:

$$SHGC \approx \frac{Q_c + Q_r + Q_\tau}{IA} \qquad (4.2-5)$$

内循环模式:

$$SHGC \approx \frac{Q_c + Q_r + Q_\tau + m_a C_a (T_{a,out} - T_{a,in})}{IA} \qquad (4.2-6)$$

式中　　Q_c——窗户与室内空气的对流换热量,W;

　　　　Q_r——窗户与室内的辐射换热量,W;

　　　　Q_τ——透过窗户进入室内的太阳辐照量,W;

　　　　m_a——空气流道内的空气质量流量,kg/s;

$T_{a,out}$、$T_{a,in}$——空气流道出口、进口的空气温度,℃。

窗户的保温系数(U值)定义为:单位室内外温差引起的单位面积窗户的传热量。其计算公式为:

$$U = \frac{Q_c + Q_r}{T_{amb} - T_{room}} \qquad (4.2-7)$$

式中　　Q_c、Q_r——夜间内层钢化玻璃与室内的对流、辐射换热量,W;

　　　　T_{amb}、T_{room}——室外、室内的空气温度,℃。

选择两天具有代表性的测试数据对碲化镉光伏通风窗的传热-发电性能进行分析,其中2020 年 3 月 23 日白天进行内循环测试,2020 年 4 月 19 日白天进行外循环测试。图 4.2-12 为 2020 年 4 月 19 日外循环模式下系统部件的温度变化趋势,光伏玻璃与钢化玻璃温度的变化趋势与太阳辐照度变化趋势基本一致,光伏玻璃温度最高约为 45℃,钢化玻璃最高约为 33℃,其中光伏玻璃由于直接吸收太阳辐射,随太阳辐照度的变化浮动最为明显。室内温度也随环境参数的变化呈先升高后降低的趋势,由于建筑材料的蓄热和保温,其变化幅度最小,温升最高约 8℃。流道内空气被光伏玻璃加热,平均温度先升高后降低,温升最高约 10℃,由于流道内空气与外界环境不断交换,温度测量结果表现出一定的波动现象。

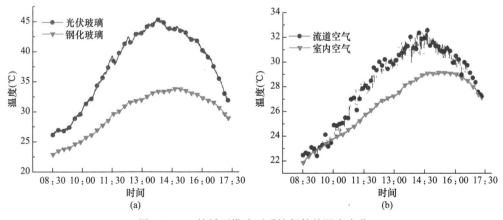

图 4.2-12　外循环模式下系统部件的温度变化

(a) 光伏玻璃和钢化玻璃温度;(b) 流道和室内空气温度

图 4.2-13 展示了外循环模式下流道内的空气温度变化。可以看出流道内出现明显的

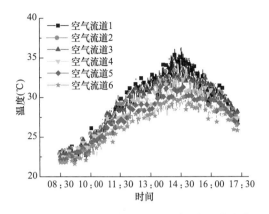

图 4.2-13 外循环模式下的流道空气温度变化

温度分层现象，且温度自下而上近似为线性变化趋势。由于流道内空气与外界环境直接进行交换，因此温度曲线上下抖动现象比较明显。随着太阳辐照度的增强，流道内部进出口之间的温度差逐渐增大，并在 14:30 左右达到最大值，大约为 5℃。

图 4.2-14 展示了 2020 年 3 月 23 日内循环模式下系统部件的温度变化趋势。与外循环模式类似，光伏玻璃与钢化玻璃温度随着太阳辐照度的变化上下波动，且光伏玻璃温度的波动最为明显，光伏玻璃温度最高约为 42℃，钢化玻璃温度最高约为 31℃。由于存在换气，室内空气温度和流道空气温度变化几乎一致，且流道空气温度始终大于室内空气温度，由此可知，在实验期间，空气流道在持续向室内供热。流道内空气温升最高约 18℃，室内空气温升最高约 14℃。与外循环模式相比，流道内空气温度变化相对平稳，原因在于热电偶附近的空气流速相对室外缓慢，从而减小了外界风速的影响。

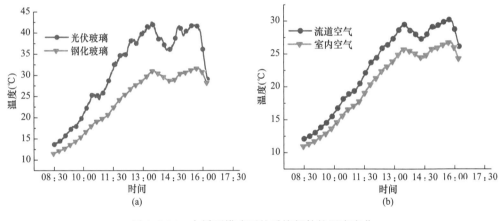

图 4.2-14 内循环模式下的系统部件的温度变化
(a) 光伏玻璃和钢化玻璃温度；(b) 流道和室内空气温度

图 4.2-15 展示了内循环模式下流道内的空气温度变化。可以看出流道内空气同样存在明显的温度分层现象，并且温度自下而上近似为线性变化。空气流道进出口温差的变化趋势与太阳辐照度的强弱密切相关，太阳辐照度越强，进出口温差也越大。这主要是由于光伏玻璃温度的升高，对流道内空气加热效果更加显著。空气流道进出口最大温差约为 8℃，出现在 14:00 左右。

图 4.2-16 展示了两种工作模式下碲化镉光伏通风窗的太阳得热系数。在内循环模式下 [图 4.2-16 (a)]，太阳得热系数在 0.2~0.4 之间变化，太阳辐照度越大太阳得热系数往往越大。出现幅度较大的波动是因为太阳辐照度突然升高或降低，例如：当某一时刻太阳辐照度突然降低，由于系统自身的储热，室内得热依然很高，导致该时刻计算得出的太阳得热系数会突然升高。外循环模式下 [图 4.2-16 (b)]，太阳得热系数在 0.1 附近变化。由于实验期间太阳辐照度较为稳定，因此太阳得热系数变化相对比较平稳。加权平均后，

内循环模式下系统的平均太阳得热系数为 0.28，外循环模式下系统的平均太阳得热系数为 0.11。

图 4.2-17（a）展示了 2020 年 4 月 19 日夜间保温模式下碲化镉光伏通风窗的保温系数变化情况，由于当室内外温差较小时，计算结果误差较大，图 4.2-17（a）中只保留夜间 00:00 至凌晨 4:00 的计算结果（室内外温差大于 2℃）。从图 4.2-17（a）中可以看出，保温系数始终在 2W/(m² · K) 上下波动，其中在前半夜保温系数偏大，后半夜保温系数

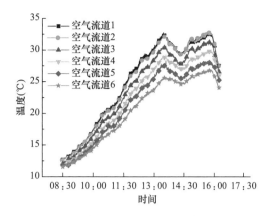

图 4.2-15　内循环模式下流道空气温度变化

偏小，这主要是由于前半夜户外风速较大，透过窗户的热损失较多。图 4.2-17（b）显示了实验期间热损失和室内外温差的关系，可以看出热损失与室内外温差近似呈线性关系，其斜率可以近似为实验期间的平均保温系数，结果为 2.05W/(m² · K)。

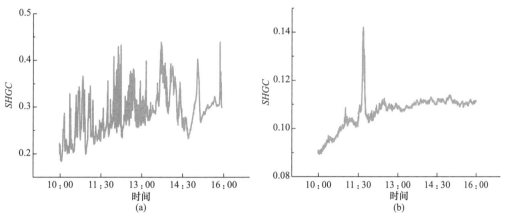

图 4.2-16　两种工作模式下碲化镉光伏通风窗的太阳得热系数
（a）内循环模式；（b）外循环模式

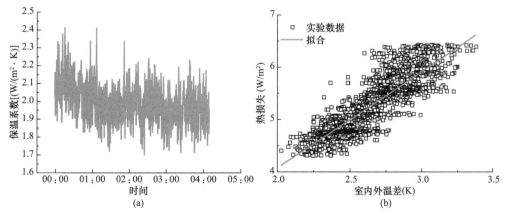

图 4.2-17　保温模式下碲化镉光伏通风窗的保温系数和热损失
（a）瞬时保温系数；（b）平均保温系数

图 4.2-18 为两种工作模式下碲化镉光伏通风窗的发电功率和发电效率。在 2020 年 3 月 23 日内循环模式下，光伏发电功率最大约为 160W，瞬时发电效率在 7.5％附近波动，全天共计发电量约为 0.77kWh，全天平均发电效率为 7.1％。在 2020 年 4 月 19 日外循环模式下，光伏发电功率最大约为 130W，全天共计发电量 0.72kWh，全天平均发电效率为 6.2％。外循环模式下的发电效率低于内循环模式，主要归因于外循环模式下测试日期的太阳高度角较大，窗户表面的太阳辐射入射角大，导致较高的反射率。从图 4.2-18 中可知，发电效率呈现先降低、后升高、再降低的变化趋势，其主要原因为：南墙在早晨接收辐射主要为散射辐射，而散射辐射在玻璃上的反射率较低，进入太阳能电池表面的辐射较多，因此发电效率较高；上午随着直射辐射的增加和入射角的变大，反射的辐射量增多，发电效率降低；到了中午，太阳直射辐射入射角变小，反射率降低，发电效率变高；而下午，太阳光斜射，直射辐射入射角变大，反射率升高，发电效率再次变低。

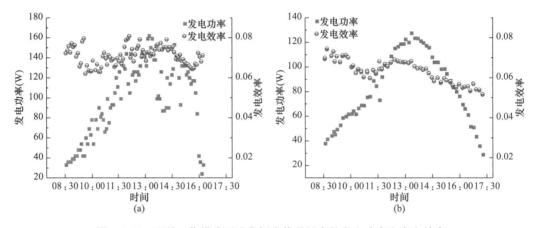

图 4.2-18　两种工作模式下碲化镉光伏通风窗的发电功率和发电效率
(a) 内循环模式；(b) 外循环模式

4.2.3　PV/T 建筑墙体

图 4.2-19 展示了 PV/T 建筑墙体的系统结构，部件从外到内包括玻璃盖板、太阳能电池、吸热板、水管、空气流道、保温层以及上下通风口。其中太阳能电池阵列层压在玻璃盖板内侧（称为光伏玻璃盖板）。铜质水管焊接在吸热板内侧，由于加工工艺的原因，吸热板焊接水管后容易弯曲，因此在光伏玻璃盖板与吸热板之间留有空气夹层，有助于防止因吸热板的变形而与光伏玻璃盖板接触，避免了系统部件的损坏。

PV/T 建筑墙体能够在全年进行光伏发电的同时，在供暖季加热室内空气，并在非供暖季制备生活热水，提高了夏热冬冷地区建筑墙体的太阳能全年利用效率。其工作原理如图 4.2-20 所示，该系统主要包含以下两种工作模式：①光伏/热水模式。在非供暖季，将系统上下通风口关闭，并将连接系统水管和水箱的阀门打开。太阳辐射中的一部分被光伏玻璃盖板吸收转化为电能和热能，另一部分透过光伏玻璃盖板照射到吸热板直接转化为热能。与此同时，在水泵的驱动下，水箱与水管内的水进行循环，将吸热板表面的热量传递到水箱中，当吸热板的温度低于光伏玻璃盖板时，后者的热量通过对流和辐射方式向吸热板传递。因此，光伏/热水模式下，系统在光伏发电的同时可以制备生活热水。系统将原本直接照射在南墙上的太阳辐射用于发电和制备生活热水，从而减少南墙的室内得热，降低室内冷负荷。②光伏/热空气模式。在供暖季，将系统上下通风口打开，连接系统水管和水箱的阀门关闭，并将水管内的水排空。太阳辐射一部分被光伏玻璃盖板吸收转化为电能和热能，另一部分透过光伏玻璃盖板照射到吸热板直接转化为热能。流道内空气被吸热板加热后温度上升，在热浮力的作用下，流道内空气与室内空气通过上下通风口形成循环，流道温度较高的空气进入室内后增加室内得热。因此，在光伏/热空气模式下，系统在光伏发电的同时，可以向室内供暖。

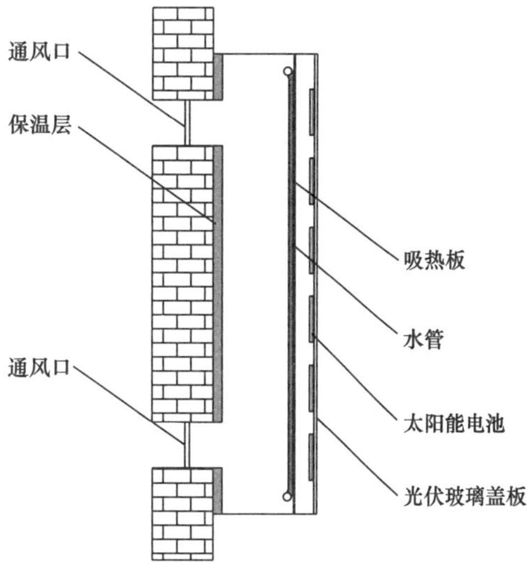

图 4.2-19　PV/T 建筑墙体系统结构图

PV/T 建筑墙体的主要尺寸及物性参数见表 4.2-4，实验平台外观图见图 4.2-21。玻璃盖板内侧层压的太阳能电池为单晶硅电池，单晶硅电池标准发电效率为 17%，温度系数为 -0.45%/℃。5 块系统的水路并联连接至水箱，实验间尺寸为东西向宽度 6.4m、高度 3.7m、南北向进深 3.5m，房间墙体为 26cm 厚的红砖。

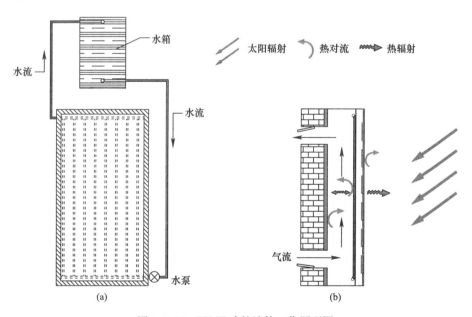

图 4.2-20　PV/T 建筑墙体工作原理图
(a) 光伏/热水模式；(b) 光伏/热空气模式

PV/T 建筑墙体的主要尺寸及物性参数　　表 4.2-4

部件	参数	值
光伏玻璃盖板	尺寸	1m（宽）、2m（高）、0.003m（厚）
	透过率	0.91

续表

部件	参数	值
光伏玻璃盖板	密度	2800kg/m³
	比热容	850J/(kg·K)
	导热系数	0.76W/(m·K)
吸热板	尺寸	1m（宽）、2m（高）、0.003m（厚）
	吸收率	0.99
	密度	2700kg/m³
	比热容	880J/(kg·K)
	导热系数	217W/(m·K)
水管	个数	7
	密度	8960kg/m³
	比热容	380J/(kg·K)
	导热系数	370W/(m·K)
	外径	0.008m
	内径	0.007m
光伏电池	布局	5×10
	标准发电效率	17%
	温度系数	−0.45%/℃
空气流道	尺寸	2m×1m
	厚度	0.12m
保温层	厚度	0.05m
	密度	24kg/m³
	比热容	1210J/(kg·K)
	导热系数	0.03W/(m·K)
通风口	尺寸	0.6m×0.15m
水箱	容积	120L
	直径	0.6m
水泵	流量	13L/min

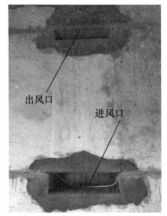

图 4.2-21　PV/T 建筑墙体实验平台外观图

测试内容包括室外竖直面太阳辐照度、环境温度、系统各部件温度、电力输出、水箱温度和室内温度等。温度测量采用测量精度为 ±5℃ 的 T 型热电偶。太阳辐照度测量采用的是测量误差不超过 ±2% 的太阳能总辐照表。电力输出的测量利用 MPPT 控制器完成，MPPT 控制器可实现太阳能电池的工况始终处于最大功率点的状态，并将太阳能电池产出的电能充入蓄电池。数据采集仪可直接测量出太阳能电池（处于最大功率点）的开路电压和电流，两者乘积即为光伏输出功率，MPPT控制器的测量精度在 1.5% 以内。图 4.2-22 为PV/T 建筑墙体发电功率测试平台，图 4.2-23为 PV/T 建筑墙体热电偶布置图。水箱中布置上、中、下 3 个热电偶，室内在平面正中心布置上、中、下 3 个热电偶，光伏玻璃盖板、空气流道与吸热板分别沿着竖直方向布置 3 个热电偶，保温层上布置 1 个热电偶。此外，室外

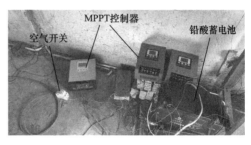

图 4.2-22　PV/T 建筑墙体发电功率测试平台

布置 1 个热电偶用于测量环境温度，6 面墙体各布置 1 个热电偶用于测量墙壁温度。所有仪器均连接到数据采集仪，每 10s 记录一次数据。

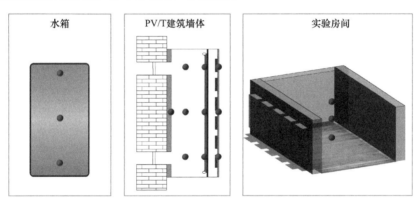

图 4.2-23　PV/T 建筑墙体热电偶布置图

外置式多功能复合墙体具有发电、热水、热空气 3 种功能，可从 3 个方面对其性能进行评价。

系统发电效率 η_e 为：

$$\eta_e = \frac{E}{IA\varepsilon} \tag{4.2-8}$$

式中　E——系统光电输出功率，W；

$\quad\quad I$——光伏窗表面接收到的太阳辐照度，W/m^2；

$\quad\quad A$——系统面积，m^2；

$\quad\quad \varepsilon$——单晶硅电池覆盖率。

系统热空气效率 $\eta_{th,air}$ 为：

$$\eta_{th,air} = \frac{m_a C_a (T_{out} - T_{in})}{IA} \tag{4.2-9}$$

式中　m_a——空气的质量流量，kg/s；

$\quad\quad C_a$——空气的比热容，$J/(kg \cdot K)$；

T_{out}、T_{in}——空气流道的出口、进口温度，K。

系统热水效率 $\eta_{th,water}$ 为：

$$\eta_{th,water} = \frac{m_{tank}C_w}{IA}\frac{\partial T_{tank}}{\partial t}$$ (4.2-10)

式中　m_{tank}——水箱内水的质量，kg；

　　　C_w——水箱内水的比热容，J/(kg·K)；

　　　T_{tank}——水箱温度，K；

　　　t——时间，s。

本节采用 2020 年 3 月 24 日的测试结果分析光伏/热空气模式下的系统热电性能，图 4.2-24 为光伏/热空气模式下系统部件的温度变化。光伏玻璃盖板直接接收太阳辐射，温度随太阳辐照度变化波动较大，测试期间最高温度约为 48℃，最低温度约为 19℃。吸热板由于受到了光伏玻璃盖板的遮挡，太阳辐射吸收率较低，因此温度要低于光伏玻璃盖板，测试期间最高温度约为 32℃，最低温度约为 18℃。光伏玻璃盖板的温度始终高于吸热板，两者最大温差为 16℃，这表明外置式多功能复合墙体的得热主要来自光伏玻璃盖板。因此，提高光伏玻璃盖板和吸热板之间的换热量将有助于提高系统热效率。保温层位于系统最内部，且热导率较低，因此，温度始终保持最低且变化幅度最小，全天温度在 18℃附近变化。

图 4.2-25 为光伏/热空气模式下室内空气和流道内空气的温度变化。可以看出流道内空气自下而上出现明显分层现象，并且这种分层变化近似呈线性。空气流道进出口温差最大可达 9℃，这一最大温差出现在 12:30 左右，即太阳辐照度最强的时刻。空气流道出口温度全天在 18~26℃之间变化，空气流道进口温度全天在 13~17℃之间变化。从图 4.2-25 中还可以发现，空气流道进口温度近似等于室内空气平均温度，这表明空气流道进口的空气主要来自室内空气的补充。

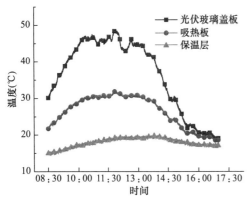

图 4.2-24　光伏/热空气模式下系统
部件的温度变化

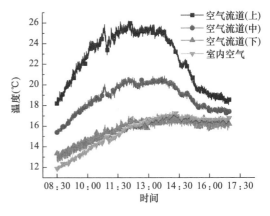

图 4.2-25　光伏/热空气模式下室内空气和
流道空气的温度变化

图 4.2-26 为光伏/热空气模式下 PV/T 建筑墙体的得热率和热效率。得热率变化趋势与太阳辐照度变化趋势相同，即太阳辐照度越强，室内得热量越多，全天得热率最大为 1300W，全天总得热量 6.45kWh。右轴为光伏/热空气模式下的热效率，数值在 0.2 上下浮动，其变化趋势刚开始随着太阳辐照度的增加而增加；到了傍晚时分，太阳辐照度减

少，但由于墙体自身的热惯性，热效率迅速上升至 0.4 附近。经计算，系统全天平均热效率约为 18%。

图 4.2-27 为光伏/热空气模式下 PV/T 建筑墙体的发电功率和发电效率。发电功率随时间的推移呈先升高后降低的趋势，最大发电功率约为 580W，全天总发电量约为 3.07kWh。发电效率的变化则呈现出先降低后升高的趋势，中午发电效率最低，约 13%，全天最高发电效率约 16%。这一现象的原因是晶硅电池温度系数较大，发电效率会随温度的升高而降低，由于白天温度的上升，特别是在中午太阳辐射最强烈时，电池温度升高从而导致发电效率下降。经计算，系统全天平均发电效率约为 13.8%。

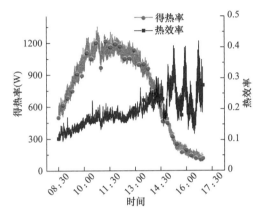

图 4.2-26　光伏/热空气模式下 PV/T 建筑墙体的得热量和热效率　　图 4.2-27　光伏/热空气模式下 PV/T 建筑墙体的发电功率和发电效率

图 4-2.28 为光伏/热水模式下 PV/T 建筑墙体系统部件的温度变化，采用了 2020 年 3 月 28 日的测试结果对光伏/热水模式下的系统热电性能进行分析。光伏玻璃盖板随太阳辐照度的变化而发生显著变化，其温度在日间最高可以达到约 48℃，最低温度出现在 17:30，约为 27℃。吸热板温度整体先升高后降低，最高温度约为 40℃，最低温度出现在早晨 8:30，约为 20℃。对比吸热板与光伏玻璃盖板温度大小，可以注意到：与光伏/热空气模式不同，光伏玻璃盖板温度先高于吸热板，后低于吸热板。其主要原因为：在下午时，随着太阳辐照度的减弱，光伏玻璃盖板温度降低，而吸热板此时仍然受到热箱内热水的加热作用，使得其温度下降的速度相对缓慢。保温层温度变化趋势与光伏/热空气模式的区别在于温度变化幅度稍大，全天温度变化最大幅度约为 15℃，是光伏/热空气模式的两倍。其原因在于系统通风口关闭，空气流道因为没有与室内空气交换，温度持续升高，进而加热保温层。

图 4.2-29 为光伏/热水模式下的水箱温度变化。从图 4.2-29 中可以看出，水箱上、中、下 3 个测点温度曲线几乎重合，表明水箱内水温分层不明显，其主要原因是水箱共连接 5 个系统，质量流量率较大增强了水箱内部的水流动，从而减少了温度分层。水箱初始温度约为 16℃，最高温度约为 42℃，最高温升 26℃。14:30 之后，水箱温度逐渐降低，其原因是此时太阳辐照度减弱，吸热板温度低于水箱温度，水箱与系统继续循环会造成水箱内热量损失，在测试期间观察到的水箱的最终温度大约为 37℃。

由于水箱内温度变化较慢，本节对水箱的得热率和热效率每 10min 计算一次。如图 4.2-30 所示，系统得热率和热效率呈现逐渐降低的趋势。在测试的初始阶段，水箱温

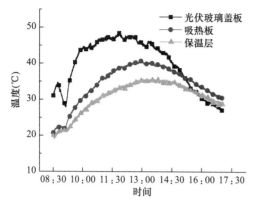

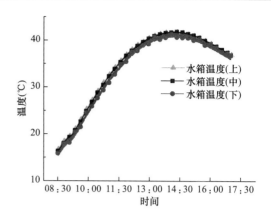

图 4.2-28　光伏/热水模式下 PV/T 建筑
墙体系统部件的温度变化

图 4.2-29　光伏/热水模式下 PV/T 建筑
墙体的水箱温度变化

度较低，吸热板和管内水的温差大，换热量较多，系统得热率约为 950W，热效率约为 18%，随着水箱温度的升高，得热率和热效率逐渐降低。到了下午，由于太阳辐照度较弱，吸热板温度低于水箱温度，铜管和吸热板反向换热，导致水箱出现热损失，即得热率和热效率为负。可见对于本系统，安装温差水泵可以有效提高系统热效率和水箱最终温度。温差水泵的工作原理是当吸热板和水箱温度差达到设定值时才启动，这有助于避免在吸热板温度低于水箱温度时进行无效的热交换。经计算，系统全天平均热效率为 9.07%。

图 4.2-31 为光伏/热水模式下的 PV/T 建筑墙体的发电功率和发电效率，测试期间天气条件良好，有充足的阳光，系统发电功率最大约为 540W，全天发电量约为 2.95kWh。发电效率同样呈先降低后升高的趋势，中午太阳能电池温度最高的时候，发电效率最低，约为 13.8%，全天发电效率最高约为 15%。经计算，系统全天平均发电效率约为 14.09%。

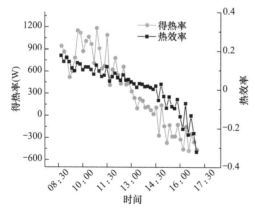

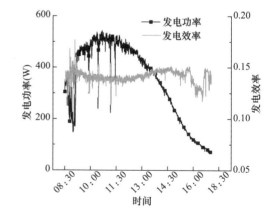

图 4.2-30　光伏/热水模式下 PV/T 建筑
墙体的得热率和热效率

图 4.2-31　光伏/热水模式下 PV/T 建筑
墙体的发电功率和发电效率

本章参考文献

[1]　YU Y，LONG E，CHEN X，et al. Testing and modelling an unglazed photovoltaic thermal collector for application in Sichuan Basin [J]. Applied Energy，2019，242（5）：931-941.

［2］ YU Y，YANG H，PENG J，et al. Performance comparisons of two flat-plate photovoltaic thermal collectors with different channel configurations ［J］. Energy，2019，5：300-308.

［3］ ZHANG Y，MA T，YANG H. A review on capacity sizing and operation strategy of grid-connected photovoltaic battery systems ［J］. Energy and Built Environment，2024，5（4）：500-516.

［4］ MUIN M U，CHUYAO W，CHENGYAN Z，et al. Investigating the energy-saving performance of a CdTe-based semi-transparent photovoltaic combined hybrid vacuum glazing window system ［J］. Energy，2022，253（8）：124019.1-124019.19.

［5］ LIU J，CHEN X，CAO S，et al. Overview on hybrid solar photovoltaic-electrical energy storage technologies for power supply to buildings ［J］. Energy Conversion and Management，2019，187（5）：103-121.

［6］ QINGHUA Y，XI C，HONGXING Y. Research progress on utilization of phase change materials in photovoltaic/thermal systems：A critical review ［J］. Renewable and Sustainable Energy Reviews，2021，149：111313.

［7］ PENG J，LU L，YANG H，et al. Validation of the Sandia model with indoor and outdoor measurements for semi-transparent amorphous silicon PV modules ［J］. Renewable Energy，2015，80：316-323.

［8］ CHUYAO W，HONGXING Y，JIE J. Investigation on overall energy performance of a novel multifunctional PV/T window ［J］. Applied Energy，2023，352：1.1-1.19.

［9］ HAN J，LU L，PENG J，et al. Performance of ventilated double-sided PV façade compared with conventional clear glass façade ［J］. Energ Buildings，2013，56：204-209.

［10］ CHEN X，HUANG J，YANG H. Multi-criterion optimization of integrated photovoltaic facade with inter-building effects in diverse neighborhood densities ［J］. Journal of Cleaner Production，2020，248：119269.

［11］ WANG C，YANG H，JI J. Design，fabrication，and performance assessment of a novel PV/T double skin facade ［J］. Building and Environment，2024，261：111750.

［12］ CHIALASTRI A，ISAACSON M. Performance and optimization of a BIPV/T solar air collector for building fenestration applications ［J］. Energy and Buildings，2017，150：200-210.

［13］ QIU C，YANG H. Daylighting and overall energy performance of a novel semitransparent photovoltaic vacuum glazing in different climate zones ［J］. Applied Energy，2020，276：115414.1-115414.13.

［14］ 王矗垚. 新型光伏光热窗/墙综合性能及对室内环境影响研究 ［D］. 合肥：中国科学技术大学，2022.

［15］ WANG Y，CHEN Y. Modeling and calculation of solar gains through multi-glazing facades with specular reflection of venetian blind ［J］. Solar Energy，2016，130：33-45.

［16］ KHALVATI F，OMIDVAR A. Summer study on thermal performance of an exhausting airflow window in evaporatively-cooled buildings ［J］. Appl Therm Eng，2019，153：147-158.

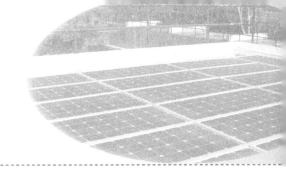

第5章　光伏建筑工程实例

5.1　不同类型的商用光伏组件性能比较

香港的面积约为 1100km²，却居住着超过 750 万的居民，是全球人口密度最高的地区之一，面临着对能源需求的巨大挑战。香港当地能源供应结构包括：进口油煤产品、加工进口燃料后生产的电力和煤气，以及一小部分可再生能源，如风能和太阳能。幸运的是，该地区的太阳能资源相对丰富。香港特区政府预测，到 2030 年，光伏发电量将占电力供应量的 1%～1.5%。随着材料科学的发展和制作工艺的进步，目前市面上的商用光伏产品种类繁多，在建筑上选用合适的光伏产品也十分重要。因此，笔者团队将现场实验与计算机模拟相结合进行研究，对比分析了各种光伏组件的性能差异。每一类选购了两家不同制造商的两块光伏组件，并安装在香港新界的一个农场，进行为期 1 年的测量和数据收集工作。所有的 10 块光伏组件都朝南，倾斜角度为 22°。收集到的数据被用于校准一个计算机模拟模型。验证 System Advisor Model（SAM）这一模拟模型后进行模拟计算，在不同的朝向和倾斜角度设置下，对 10 块典型太阳能光伏组件在香港特定气象年数据条件下的年度发电性能进行评估。

5.1.1　光伏组件的技术综述与实验选择

如图 5.1-1 所示，太阳能光伏技术经历了三代的发展：第一代太阳能光伏技术主要基于硅片；第二代太阳能光伏技术为薄膜太阳能技术；第三代太阳能光伏技术包括了最新出现的有机/聚合物太阳能电池技术、染料敏化太阳能电池技术以及其他新兴技术。目前，大规模应用的且最流行的主要是单晶硅、多晶硅和薄膜太阳能光伏技术。

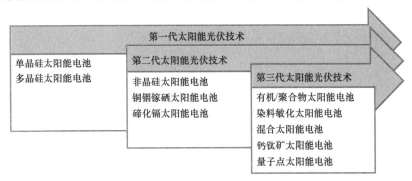

图 5.1-1　太阳能光伏技术的发展

第一代太阳能光伏技术基于硅片，包括单晶硅和多晶硅。单晶硅和多晶硅光伏组件的典型发电效率分别约为 20% 和 18%。

为进一步减少材料消耗，第二代太阳能光伏技术，即薄膜太阳能光伏应运而生。该类光伏组件主要由非晶硅、铜铟镓硒以及碲化镉太阳能电池构成。非晶硅、铜铟镓硒和碲化镉组件的发电效率分别约为 9.8%、13.5% 和 14.5%。

随后，第三代太阳能光伏技术得到发展，新型技术有望突破"Shockley-Queisser 极限"，带来更高的效率，包括有机太阳能电池、染料敏化太阳能电池、钙钛矿太阳能电池和量子点太阳能电池等。然而，这些新兴技术在可靠性和使用寿命方面仍存在着挑战，目前还未能在商业上广泛应用。有机太阳能电池、染料敏化太阳能电池和钙钛矿太阳能电池的发电效率分别约为 8%、11% 和 13%。

太阳能电池的发电效率是降低光伏成本的关键因素：效率更高的太阳能电池能够在占用相同空间的情况下提供更多的电力，这意味着可以安装更小的光伏系统，从而减少了材料和安装的成本，并降低了单位电力的平均成本。随着太阳能材料研究的进展，太阳能电池发电效率的纪录不断被刷新，这不仅推动了太阳能技术的发展，也为消费者提供了更多、更优的选择。目前，由于多晶硅和单晶硅光伏组件价格较低、能源效率较高且性能可靠，它们在全球太阳能光伏发电市场上占据主导地位。而薄膜光伏组件因其在低照度环境下依然保持较高的能效，也在市场中拥有一席之地。基于上述对太阳能光伏技术的回顾，笔者团队选择了 5 种不同类型的光伏组件进行比较，包括单晶硅、多晶硅、非晶硅、铜铟镓硒和碲化镉光伏组件。不同光伏组件的优缺点总结在表 5.1-1 中。

不同光伏组件的优缺点

表 5.1-1

光伏组件类型	优势	劣势
单晶硅	比多晶硅更高的发电效率	比多晶硅更昂贵
多晶硅	比单晶硅更低的成本	比单晶硅发电效率低
非晶硅	功率温度系数低；在散射光条件下性能更好	发电效率较低
铜铟镓硒	中等发电效率；具有能带宽度可调性	铟资源稀缺；长期可靠性尚未经过测试
碲化镉	比其他薄膜光伏组件发电效率更高	碲资源稀缺；镉具有毒性

5.1.2　所选光伏组件的技术规格

在 2018 年 3 月和 2018 年 5 月期间，笔者团队采购了来自不同制造商的 10 块光伏组件，相关参数如表 5.1-2 所示。

选定的 10 块光伏组件的相关参数

表 5.1-2

光伏组件	单晶硅 1	单晶硅 2	多晶硅 1	多晶硅 2	非晶硅 1	非晶硅 2	铜铟镓硒 1	铜铟镓硒 2	碲化镉 1	碲化镉 2
峰值功率 (W_p)	305	300	280	275	140	130	140	115	107	80
短路电流 (A)	9.94	9.77	9.37	9.35	5.28	2.65	1.79	4.52	1.75	0.95
开路电压 (V)	40.20	39.76	38.65	38.72	42.30	71.00	106.70	37.60	86.60	118.90

光伏组件	单晶硅1	单晶硅2	多晶硅1	多晶硅2	非晶硅1	非晶硅2	铜铟镓硒1	铜铟镓硒2	碲化镉1	碲化镉2
最大功率电流（A）	9.24	9.26	8.86	8.77	4.34	2.22	1.62	3.87	1.57	0.85
最大功率电压（V）	33.00	32.41	31.61	31.36	32.20	54.00	86.50	29.70	68.60	94.10
模块效率（%）	18.7	18.0	17.1	16.5	9.6	9.1	14.9	12.0	14.9	—
质量（kg）	18.2	18.8	18.2	18.8	18.3	25.0	16.5	2.7	12.0	11.8

5.1.3 实验与模拟研究

图 5-1.2 展示了在香港新界的某农场安装的一套光伏测试系统，光伏组件被安装在屋顶的测试支架上，光伏组件的倾角为 22°，方位角为 180°。图 5.1-3 是并网光伏系统示意图。由于各光伏组件的电流-电压特性存在差异，未将它们直接连接到电路中。因此，使用了 10 个微型功率优化器和 1 个逆变器来组建电路，以确保每块太阳能光伏组件能产生最大功率。功率优化器是一个 DC/DC 转换器，连接到每块光伏组件并替代了传统的太阳能接线盒。它可以通过不断跟踪每块光伏组件的最大功率点来增加光伏系统的能量输出。功率优化器还可以在逆变器或电网断电时自动切断光伏组件的直流电压。此外，它可以监测每块光伏组件的性能，并将性能数据传输给能源管理系统，以实现增强的、具有成本效益的维护。首先，10 块光伏模块分别连接到 10 个功率优化器上，然后功率优化器连接到逆变器。逆变器可以将直流电转换为交流电。逆变器包括专有的数据监测接收器，可以汇总来自每块光伏组件的功率优化器性能数据。最后，逆变器连接到连接盒。测试期间，还可以使用 I-V 曲线测试仪测量光伏组件的 I-V 曲线，进行系统发电功率输出验证，图 5.1-4 展示了位于房间内的功率优化器和逆变器。

图 5.1-2　光伏测试系统

测试系统还包括气象数据采集系统。如图 5.1-5 所示，采用室外温湿度传感器来测量环境温度和湿度。图 5.1-6 展示了用于测量风速的风速计。辐射计如图 5.1-7 所示，用于测量光伏组件接收的太阳辐射。获得的数据将由便携式数据记录仪收集，如图 5.1-8 所示。从气象数据采集系统获得的数据可用作在模拟模型与测试数据验证时的天气条件。模拟结果将与能源性能数据进行比较。主要实验仪器及其信息详见表 5.1-3。

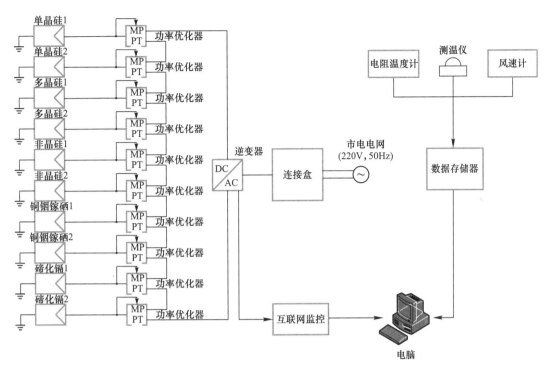

图 5.1-3　并网光伏系统示意图

图 5.1-4　功率优化器和逆变器

图 5.1-5　室外温湿度传感器

　　图 5.1-9 显示了光伏系统从 2018 年 10 月 10 日到 2019 年 10 月 9 日期间每日的发电量。光伏系统的年发电量为 1916.1kWh，测试期间的最大日发电量出现在 2018 年 11 月 30 日，为 10.6kWh。

　　为了验证光伏组件是否通过 10 个微型功率优化器在其最大功率点工作，笔者团队于 2018 年 11 月 29 日进行了 I-V 曲线测试。图 5.1-10 中的测试仪器为 I-V 曲线测试仪，该仪器可以使操作员在现场执行准确的 I-V 性能测量和光伏组件或阵列的检查。

图 5.1-6　风速计

图 5.1-7　辐射计

图 5.1-8　便携式数据记录仪

主要实验仪器及其信息　　　　　　　　　　　　　　　　表 5.1-3

设备	功能	参数	数量
功率优化器	跟踪最大功率点	额定输入 DC 功率：405W； 最大输入 DC 电压：125V； MPPT 工作范围：12.5～105V	10
逆变器	将直流转换为交流，数据记录和通信	最大 DC 功率：3400W； 欧洲加权效率：98.3%	1
辐射计	太阳辐照度测量	灵敏度：约为 $7\mu V/(W/m^2)$； 非线性度<0.2%（在 $1000W/m^2$ 时）	2
温度和湿度传感器	环境温度和相对湿度测量	温度：±0.5℃ 湿度：±2%	1
风速计	风速测量	风速 v：±0.3m/s（≤10m/s）； ±（0.3v）（>10m/s）	1
I-V 曲线测试仪	I-V 曲线测试	测量范围： 电流：10A； 电压：300V； 功率：300W	1
数据记录仪	数据收集	最小分辨率为 $1\mu V$ 和 0.1℃	1

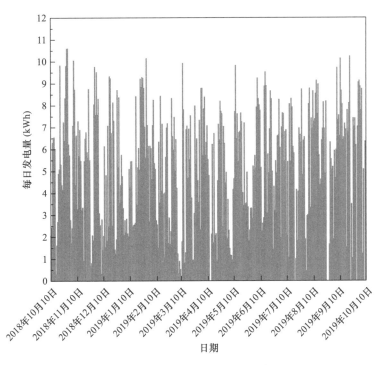

图 5.1-9　光伏系统的每日电量输出

图 5.1-11 展示了 $I\text{-}V$ 曲线测试其中的一个结果。对于每块太阳能光伏组件，测试覆盖了从 300W/m^2 至 1000W/m^2 不等的 4 个太阳辐照度级别。$I\text{-}V$ 曲线测试仪的测量原理基于电容电子负载法，这意味着它是一种测量范围广泛（电压、电流和功率）的紧凑测量设备。在检查光伏组件的 $I\text{-}V$ 特性时，光伏组件会短时间从电路中断开，并连接到 $I\text{-}V$ 曲线测试仪。然后，将光伏组件的工作状态与系统的数据采集系统记录的数据进行比较。结果显示，功率优化器/逆变器跟踪的最大功率点与 $I\text{-}V$ 曲线测试仪检测到的最大功率点非常接近。这表明光伏组件随时都能保持其最大功率，校准成功。

图 5.1-10　$I\text{-}V$ 曲线测试仪

PVUSA（大规模应用的光伏）方法可用来评估气候对光伏组件能量性能的影响。该方法基于收集太阳能、气象和系统功率输出数据，然后将系统输出数据与太阳辐照度、风速和环境温度的组合进行回归分析：

$$P_{\text{DC}} = G_{\text{POA}} \times (a + bG_{\text{POA}} + cT_{\text{amb}} + dWS) \tag{5.1-1}$$

式中　　P_{DC}——直流功率输出，W；

$\quad\quad G_{\text{POA}}$——阵列平面上的总太阳辐照度，$\text{W/m}^2$；

$\quad\quad T_{\text{amb}}$——环境温度，℃；

$\quad\quad WS$——风速，m/s；

a、b、c 和 d——回归系数。

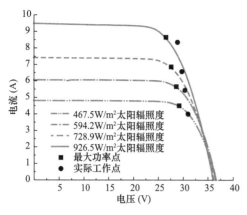

图 5.1-11 单晶硅 305W_p 光伏组件的
最大功率点比较

表 5.1-4 给出了测试的光伏组件的 PVUSA 模型的回归系数。图 5.1-12 显示了光伏组件的发电功率与 PVVSA 模型的模拟发电功率之间的比较，而本书附录 2 对比了光伏组件的实际发电功率与基于 PVUSA 模型模拟得到的发电功率。发电功率与光伏组件接收的太阳辐照度之间呈强相关，然而与风速和环境温度之间的关系并不明显。通常情况下，发电功率随着风速的增加而增加，而随着环境温度的升高而减少。

在完成实验测试后，为了深入探究不同倾角条件下本地环境对光伏幕墙性能的影响，采用了仿真软件 System Advisor Model（SAM）

对各类光伏组件进行能量性能评估。

光伏组件 PVUSA 模型的回归系数 表 5.1-4

光伏组件类型	a	b	c	d
单晶硅 305W_p	3.1162×10^{-1}	-3.3306×10^{-5}	-1.1217×10^{-3}	1.8176×10^{-3}
单晶硅 300W_p	2.9122×10^{-1}	-3.2760×10^{-5}	-1.1033×10^{-3}	1.7878×10^{-3}
多晶硅 280W_p	2.8018×10^{-1}	-3.1360×10^{-5}	-1.0562×10^{-3}	1.7114×10^{-3}
多晶硅 275W_p	2.7177×10^{-1}	-3.0800×10^{-5}	-1.0373×10^{-3}	1.6808×10^{-3}
非晶硅 140W_p	1.2562×10^{-1}	-1.8424×10^{-5}	-6.2049×10^{-4}	1.0054×10^{-3}
非晶硅 130W_p	1.2376×10^{-1}	-1.0556×10^{-5}	-3.5551×10^{-4}	5.7606×10^{-4}
铜铟镓硒 140W_p	1.3527×10^{-1}	-1.2544×10^{-5}	-4.2246×10^{-4}	6.8454×10^{-4}
铜铟镓硒 115W_p	1.1505×10^{-1}	-1.2236×10^{-5}	-4.1209×10^{-4}	6.6774×10^{-4}
碲化镉 107.5W_p	1.1817×10^{-1}	-1.0234×10^{-5}	-3.4467×10^{-4}	5.5848×10^{-4}
碲化镉 80W_p	7.1531×10^{-2}	-4.7936×10^{-6}	-1.6144×10^{-4}	2.6159×10^{-4}

在 SAM 中，用户可以根据需要选择 5 种不同的光伏组件性能评估模型，包括基础的效率组件模型、加利福尼亚能源委员会（CEC）性能模型与组件数据库、具有用户输入规格的 CEC 性能模型、带有模块数据库的 Sandia 光伏阵列性能模型和 IEC（国际电工委员会）单二极管模型。本研究选择了具有用户输入规格的 CEC 性能模型。通过输入选定光伏组件的技术规格以及相关的气象数据，该模型能够预测光伏组件的能量输出性能。在 SAM 中开发的仿真模型通过实际测试结果进行验证，以确保其准确性。验证后，仿真模型被用于估计每种类型的光伏组件在香港典型气象年中的发电性能。

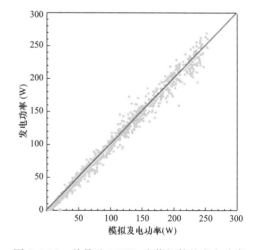

图 5.1-12 单晶硅 305W_p 光伏组件的发电功率与 PVUSA 模型的模拟发电功率之间的比较

仿真模型通过从 2018 年 10 月 10 日至 11 月 11 日在农场收集的实验数据进行验证。例如，图 5.1-13 显示了单晶硅光伏组件的测量发电功率和模拟发电功率之间的比较。采用均方根误差的变异系数 [CV（$RMSE$）] 来评估模拟结果与实验结果之间的误差。

CV（$RMSE$）的值通过以下方程获得：

$$CV(RMSE) = \frac{\sum_{i=1}^{N}(m_i - s_i)^2 / N}{M} \tag{5.1-2}$$

式中 m_i——实例"i"的实际测量数据；

$\quad\quad s_i$——实例"i"的实际测量数据和模拟数据；

$\quad\quad N$——数据点的数量；

$\quad\quad M$——所有实际测量数据的平均值。

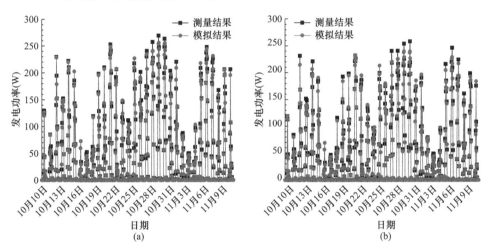

图 5.1-13 单晶硅光伏组件的测量发电功率与模拟发电功率的比较

（a）单晶硅 305W_p 光伏组件；（b）单晶硅 300W_p 光伏组件

表 5.1-5 列出了光伏组件的光伏性能模拟模型的 CV（$RMSE$）。根据 ASHRAE（美国供暖、制冷与空调工程师协会）标准的规定，如果模拟模型的 CV（$RMSE$）低于 30%，则认为该模型是可接受的。可以发现，CV（$RMSE$）均低于 30%，这意味着仿真结果与测量结果吻合。因此，仿真模型可用于评估光伏组件在不同天气条件下的性能。

光伏组件光伏性能模型的 CV（$RMSE$） 表 5.1-5

光伏组件类型	单晶硅 305W_p	单晶硅 300W_p	多晶硅 280W_p	多晶硅 275W_p	非晶硅 140W_p	非晶硅 130W_p	铜铟镓硒 140W_p	铜铟镓硒 115W_p	碲化镉 107W_p	碲化镉 80W_p
CV（$RMSE$）	7.8%	8.3%	7.2%	7.1%	7.1%	14.2%	10.7%	7.5%	6.8%	10.2%

光伏组件的发电量在倾斜角为 20°时达到峰值。光伏组件的发电量从 20°倾斜角到 30°倾斜角略有下降，但在 40°倾斜角后急剧下降。据此可确定在香港，光伏组件的理想倾斜角度为 20°。但根据当地纬度和天气，倾斜角在 14°～22°范围内变动，可能导致年发电量存在约 0.5% 的波动。与最佳倾斜角（20°）相比，倾斜角为 0°、10°、30°、40°、50°、60°、70°、80° 和 90°的年发电量将分别减少 4.8%、1.2%、1%、4.2%、9.5%、16.7%、

25.8%、36%和46.3%。光伏组件的发电量在方位角为180°，即朝南时达到最大值。与最佳方位相比，方位角为0°、45°、90°、135°、225°、270°和315°的年发电量将分别减少17.9%、15.7%、9.6%、3.3%、1.7%、7.3%和14.1%。

表5.1-6显示了不同光伏组件年发电量的模拟结果。单晶硅和305W_p光伏组件碲化镉107W_p光伏组件具有最高的每平方米发电量和最高的每峰值功率发电量，碲化镉107W_p光伏组件具有最高的每峰值功率发电量（kWh/W_p），这是因为它的温度系数较低，在太阳辐照度较弱和峰值功率扩大时的效率较高。

不同光伏组件年发电量模拟结果（方位角＝180°，倾斜角＝22°）　　　表5.1-6

光伏组件	单晶硅1	单晶硅2	多晶硅1	多晶硅2	非晶硅1	非晶硅2	铜铟镓硒1	铜铟镓硒2	碲化镉1	碲化镉2
年发电量（kWh）	354.1	334.4	316.7	310.6	142.6	136.8	146.6	129.4	143.2	81.3
每平方米发电量（kWh/m²）	215.9	200.2	193.1	186.0	98.3	95.7	156.0	134.8	198.9	112.9
每峰值功率发电量（kWh/W_p）	1.16	1.11	1.13	1.13	1.02	1.05	1.05	1.12	1.33	1.02

5.2　香港东涌迎东邨垂直光伏系统

为研究光伏组件朝向对其作用的影响，笔者团队在香港东涌一个测试基地建立了3个垂直建筑光伏系统，并利用模拟软件进行建模。如图5.2-1所示，两个垂直光伏系统分别安装在1号楼和4号楼，而光伏窗系统安装在4号楼一间办公室的外墙上。作者团队采用EnergyPlus软件对光伏系统的能源性能进行模拟。EnergyPlus软件由美国能源部（DOE）开发，已经在分析建筑能源性能方面得到广泛验证和应用。图5.2-2为1号楼垂直光伏系统示意图。

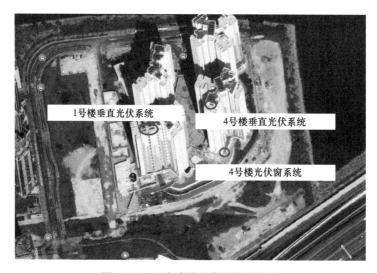

图5.2-1　3个建筑光伏系统的位置

图 5.2-2　1 号楼垂直光伏系统示意图

对于 1 号楼垂直光伏系统，图 5.2-3 显示了 2019 年 1 月的测量日发电量与模拟日发电量的比较。结果显示，测量日发电量与模拟日发电量吻合良好。此外，将每月发电量进行比较，可以发现 2019 年 1 月实测的每月发电量为 262.8kWh，而根据实际天气条件的模拟值为 254.5kWh，误差仅为 -3.2%，由此也可以判断出 1 号楼的垂直光伏测试系统在 1 月份正常运行。图 5.2-4 显示了 1 号楼垂直光伏系统月发电量的仿真结果，年发电量为 4112.6kWh。

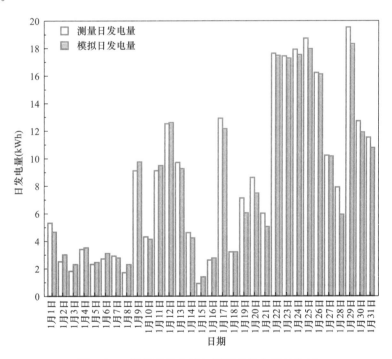

图 5.2-3　测量日发电量与模拟日发电量的比较

对于 4 号楼的垂直光伏系统，图 5.2-5 比较了 2019 年 1 月的测量日发电量和模拟日发量实测数据。由图 5.2-5 可以看出，测量日发电量与模拟日发电量吻合良好。此外，将每日发电量进行比较，2019 年 1 月实测的月发电量为 202.8kWh，而模拟值为 195.3kWh。误差仅为 3.7%，由此也可以判断 4 号楼的垂直光伏系统在该月正常运行。图 5.2-6 显示了4号楼垂直光伏系统月发电量的模拟结果，年发电量为1969.9kWh。

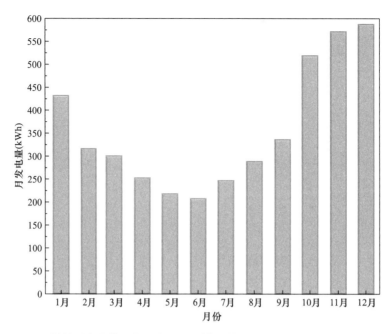

图5.2-4 1号楼垂直光伏系统月发电量的模拟结果（基于典型气象年的模拟结果）

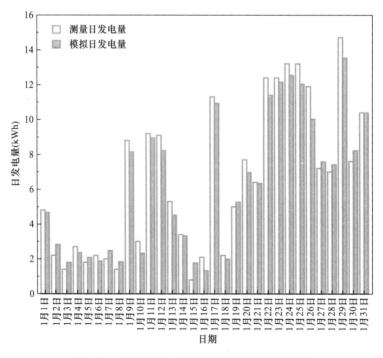

图5.2-5 测量日发电量与模拟日发电量的比较

图5.2-7为4号楼光伏窗系统示意图。图5.2-8显示了2019年1月（该月多云天气较多，仅测量至1月30日）测量发电量与模拟发电量的比较。由图5.2-8可以看出，测量发电量与模拟发电量吻合良好。此外，将月发电量进行比较，2019年1月实测的月发电量为

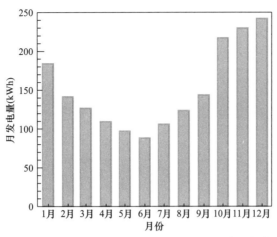

图 5.2-6 4 号楼垂直光伏系统月发电量的模拟结果（基于典型气象年的模拟结果）

图 5.2-7 4 号楼光伏窗系统示意图

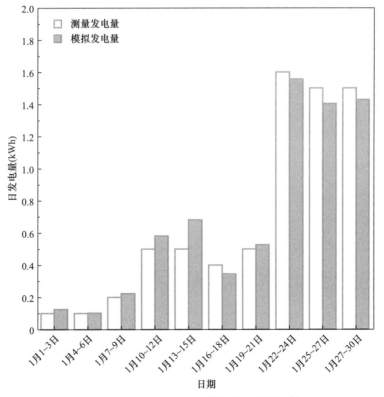

图 5.2-8 测量发电量与模拟发电量的比较

7.2kWh，而模拟值为 7.5kWh。误差为 4.2%，由此可以判断 4 号楼的光伏窗系统在 1 月份正常运行。图 5.2-9 显示了 4 号楼光伏窗系统月发电量的模拟结果。经计算，该系统的年发电量为 225.7kWh。由于光伏窗口朝东南方向，主要的电能产出集中在早晨时段。

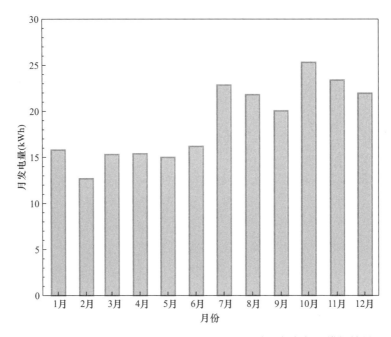

图 5.2-9 4 号楼光伏窗系统的月发电量（基于典型气象年的模拟结果）

5.3 香港某民用建筑屋顶光伏系统

5.3.1 系统概述

图 5.3-1 展示了香港某民用建筑的屋顶光伏系统。如图 5.3-2 所示，该系统由两组单晶硅光伏组件阵列组成，每块光伏组件额定输出功率为 $335W_p$，系统总额定功率达到 $7kW_p$。这些光伏组件通过串联方式组成光伏阵列，并接入阵列汇流箱。汇流箱内装有各

图 5.3-1 香港某民用建筑屋顶光伏系统
（图片来源：香港可再生能源网）

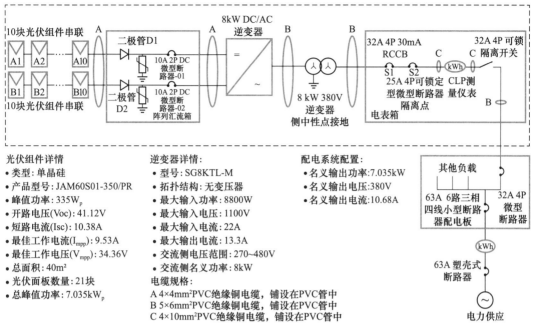

光伏组件详情
- 类型：单晶硅
- 产品型号：JAM60S01-350/PR
- 峰值功率：335W_p
- 开路电压(Voc)：41.12V
- 短路电流(Isc)：10.38A
- 最佳工作电流(I_{mpp})：9.53A
- 最佳工作电压(V_{mpp})：34.36V
- 总面积：40m^2
- 光伏面板数量：21块
- 总峰值功率：7.035kW_p

逆变器详情：
- 型号：SG8KTL-M
- 拓扑结构：无变压器
- 最大输入功率：8800W
- 最大输入电压：1100V
- 最大输入电流：22A
- 最大输出电流：13.3A
- 交流侧电压范围：270~480V
- 交流侧名义功率：8kW
电缆规格：
A 4×4mm^2PVC绝缘铜电缆，铺设在PVC管中
B 5×6mm^2PVC绝缘铜电缆，铺设在PVC管中
C 4×10mm^2PVC绝缘铜电缆，铺设在PVC管中

配电系统配置：
- 名义输出功率：7.035kW
- 名义输出电压：380V
- 名义输出电流：10.68A

图 5.3-2　屋顶光伏系统设计图

种重要电路保护元件，如二极管、浪涌保护装置和断路器等。从汇流箱出来的电流随后被输送到逆变器和电表箱，最终为负载提供电力。系统的另一边连接本地电网系统，在光伏电力不足时为负载供电，若白天有剩余太阳能电力则输入电网。

需要注意的是，根据香港本地建筑条例的相关规定，民用建筑屋顶光伏组件距离屋顶的高度须小于 2.5m，否则视为违建。

5.3.2　补贴政策与经济性分析

为推动可再生能源利用，香港特区光伏发电补贴的上网电价计划是现行《管制计划协议》下推动可再生能源发展的重要措施，香港特区政府于 2017 年 4 月与两家电力公司分别签订有关协议。该计划下，在其处所安装太阳能发电或风力发电系统的人士，能够以高于一般电费的水平，向电力公司售卖所生产的可再生能源电力。上网电价计划主要内容总结如下：

（1）考虑到香港使用可再生能源的潜力，太阳能发电系统及风力发电系统将可获上网电价。

（2）任何非政府机构或个人计划安装分布式可再生能源系统，有关系统的发电容量不可超过 1MW。将系统接驳至电力公司的电网，即有资格向有关电力公司根据特定的价格，收取可再生能源并网收益。发电容量超过 1MW 的可再生能源系统，将根据个别情况作考虑。如系统配备了任何形式的储能设备，则不管所产生的可再生能源电力实际上是否输出至电网，均只能根据有关分布式可再生能源系统实际产生的电量收取可再生能源并网收益。

（3）上网电价计划推出前已完成安装的分布式可再生能源项目，也可参与可再生能源并网收益。

（4）上网电价计划将采用总上网电价来计算，即每千瓦时由可再生能源系统产生的电力，均可获得上网电价。

（5）可再生能源系统的整个项目在使用期内均可获取可再生能源并网收益，直至 2033 年底。

香港的上网电价根据系统发电容量计算，具体为：①系统发电装机容量等于或小于 10 千瓦（$10kW_p$），每千瓦时为 4 港元；②系统发电容量超过 10 千瓦（$10kW_p$），但不超过 200 千瓦（$200kW_p$），则为 3 港元；③系统发电容量超过 200 千瓦（$200kW_p$），但不超过 1 兆瓦（$1MW_p$），则为 2.5 港元。因为单位容量投资低的原因，装机容量越大，单位发电量的补贴越少。投资者在接受补贴后，所产生的可再生能源及电能将归电力公司所有。对于住户来说，他们需要按照电力公司规定的住宅电价支付电费，目前这一价格约为每度电 1.5～2.0 港元。

根据现行的上网电价，对该民用建筑屋顶光伏系统的投资回收期进行分析，表 5.3-1 分析了不同安装倾斜角下该光伏系统的经济性。可以看出在补贴政策的支持下，不包括运行费用的简单回收期在 3 年之内，如果考虑运行费用，全部初投资的回收大约在 4～5 年内可以实现。投资者在此后的年份里可以继续获得利润，该政策极大地促进了香港光伏建筑的发展。

不同安装倾斜角下该光伏系统的经济性分析　　　　　　　　表 5.3-1

倾斜角度（°）	年发电量（kWh）	上网电价（港元/kWh）	年收益（港元）	光伏组件和其他设备费用（港元）	逆变器费用（港元）	系统总投资（港元）	人工安装费用（包括支架等材料）（港元）	总投资（港元）	投资回收期（年）
0	7426	4	29703	42000	9000	51000	30000	81000	2.73
5	7571	4	30284	42000	9000	51000	30000	81000	2.67
10	7676	4	30702	42000	9000	51000	30000	81000	2.64
15	7738	4	30954	42000	9000	51000	30000	81000	2.62
20	7760	4	31039	42000	9000	51000	30000	81000	2.61
25	7740	4	30960	42000	9000	51000	30000	81000	2.62
30	7679	4	30716	42000	9000	51000	30000	81000	2.64

5.4　香港嘉道理农场光伏系统

在光伏组件屋面固定系统的设计中，用户通常不希望把光伏组件直接用螺栓连接到屋面混凝土结构，以免破坏防水层。笔者团队研发出直接镶嵌式安装方法，如图 5.4-1 所

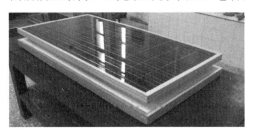

示，即把光伏组件固定在表面经硬化处理过的保温材料板上，中间留有通风空隙，然后平铺到找平的屋面上。成品首先采用风洞实验和数值模拟相结合的方法进行计算、分析和比较，为合理设计光伏组件屋面固定系统提供依据，并在此基础上为香港嘉道理农场设计并安装屋顶光伏系统。

图 5.4-1　直接镶嵌式安装方法

5.4.1　直接镶嵌式光伏组件屋面固定系统测试

测试现场位于中国船舶科学研究中心，该研究中心拥有大型低速风洞，风洞的结构如图 5.4-2 所示。该风洞为 20 世纪 60 年代末设计建造的闭口单回流式低速风洞，试验段长 8.5m，横截面为八角形；收缩比为 1∶8.6。一台功率为 1250kW 的外置式直流电动机提供动力，实验风速为 3～93m/s，连续可调；空风洞湍流度≤0.1%，流场品质优良。在风洞试验段中铺设大型地板模拟地面，一只 NPL 型皮托管安装在风洞侧壁距离地面足够远的高度用于风压测量的参考，同时用于监控实验风速。光伏组件的风压分布和总体风荷载测试均在湍流度 10% 的风场中进行。图 5.4-3 为整体式光伏模块风洞试验照片。

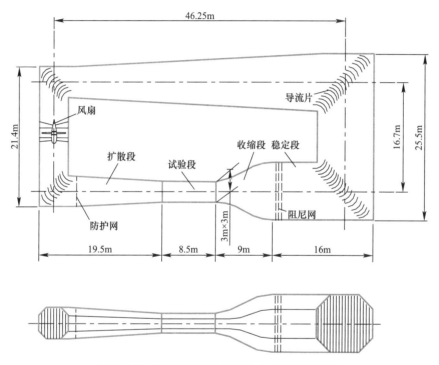

图 5.4-2　中国船舶科学研究中心大型低速风洞

按照 3×3 组合式光伏组件的布局特征，将其划分为 9 个区，分别为 A、B、C……I区，各区分别布置 5 行、7 列，即 5×7＝35 个测点，测点总数为 315 个。测点编号为 A1-1、A1-2、A1-3……I5-5、I5-6、I5-7，具体测点分布如图 5.4-4 所示。各测压孔均与光伏组件表面垂直，直径为 1.5mm。试验前经严格检查，所有测压点均为有效测压点。风向角 ψ_w＝0°表示来流沿光伏组件长度方向，相对于

图 5.4-3　整体式光伏模块风洞实验照片

模型风向顺时针旋转时，风向角增大，风向角间隔 $\Delta\psi$ 为 15°。实验风速取 25m/s，所有压力信号以 500Hz 的采样频率采集，样本长度为 4096，采样时间为 8.192s。

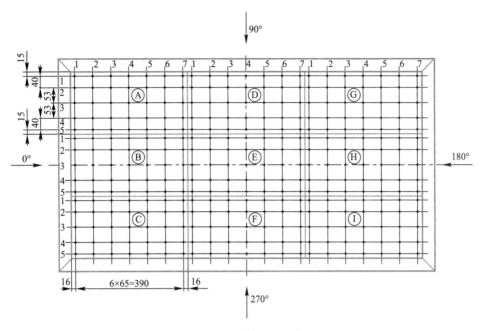

图 5.4-4　具体测点分布

测试结果按风轴系（力 F 在坐标轴上的 3 个分量称为阻力 X、升力 Y、侧向力 Z）同时以有因次值及无量纲系数的形式给出，并按下式进行无量纲化：

$$X' = X / \frac{1}{2}\rho v^2 LH$$
$$Y' = Y / \frac{1}{2}\rho v^2 LW$$
$$Z' = Z / \frac{1}{2}\rho v^2 LH$$

式中　ρ——空气质量密度，$\rho = 1.225 \mathrm{kg/m^3}$；

　　　　v——均匀来流风速，$v = 25\mathrm{m/s}$；

　　　　L——光伏组件长度，$L = 1.267\mathrm{m}$；

　　　　H——光伏组件高度，$H = 0.135\mathrm{m}$；

　　　　W——光伏组件宽度，$W = 0.645\mathrm{m}$。

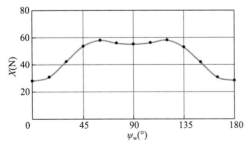

图 5.4-5　单块光伏组件阻力与风向角
变化曲线（$v = 25\mathrm{m/s}$）

单块光伏组件总体风荷载实验结果见图 5.4-5～图 5.4-7，可得出以下几点结论：

（1）在光伏组件四周加设圆弧挡板，有效减少了光伏组件边缘气流流动分离，降低了其表面四周边缘的风压分布，这对光伏组件屋面固定系统结构设计是有利的。

（2）实验结果表明，位于中间区域的光伏组件风压分布较均匀，且数值小于位于其四周的风压，风压系数极值均位于四周光伏组件的边缘区域。因此，在进行结构设计时，应该对屋面四周的光伏组件采取加强固定措施。

（3）在 0°～90°风向角下，整体式光伏组件（3×3 组合模型）上表面平均风压系数的最小值为－0.706（风向角 $\psi_w=75°$）。

（4）单块光伏组件在风速为 25m/s、0°～90°风向角下，承受的最大风阻力为 58N（风向角 $\psi_w=60°$），最大升力为 138N（风向角 $\psi_w=60°$），侧向力远小于风阻力。

整体而言，该结构形式的整体式光伏组件不用破坏屋顶的防水层，也不需要加混凝土支撑物件，对于抵御台风等自然灾害具有较大意义。

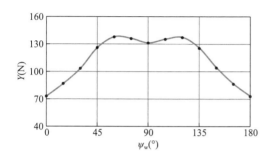

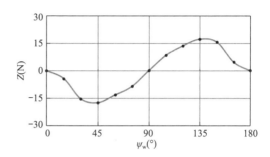

图 5.4-6　单块光伏组件升力与风向角　　　图 5.4-7　单块光伏组件侧向力与风向角
　　　变化曲线（$v=25$m/s）　　　　　　　　　变化曲线（$v=25$m/s）

5.4.2　系统设计与选型

如图 5.4-8 所示的单晶硅光伏组件被用于该项目，基于前一小节所提出的技术进行固定和安装，并采用与农场内的当地电力供应公司低压（220V）供电网络同步运行的并网系统，以确保建筑的电力供应。电力供应通过逆变器及其他设备自动控制。总共在建筑屋顶安装 4.8kW_p 的单晶硅光伏组件，覆盖约 40m² 的屋顶面积。同时，安装一个数据收集系统来监测太阳辐射的变化以及光伏系统的性能。根据香

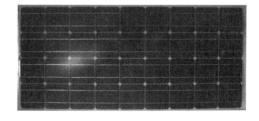

图 5.4-8　单晶硅光伏组件

港电力供应的规定，在将光伏系统连接到农场的当地公共电网之前，需要获得电力公司的许可。

图 5.4-9 展示了并网光伏系统的示意图。由光伏组件产生的直流电需要转换为交流电，然后才能与市电公司的电力供应并用。因此，需要 1 个逆变器将光伏组件的直流输出转换为交流电，同时调节电力条件，如电压、相位、功率因数和频率特性，以满足当地供电公司的要求。

光伏系统主要组件的功能如下：

光伏组件：吸收太阳辐射，生成直流电，供给逆变器；

逆变器：将光伏组件产生的直流电转换为与公用设施和交流负载（照明、计算机、空调、冰箱等）兼容的交流电；

数据收集系统：监测气象条件和光伏系统的能源性能。

该光伏系统主要由位于建筑屋顶的 32 块光伏组件（总计约 4.8kW_p）、1 个 4.6kW 的逆

变器、1个交流开关箱、电力公司的仪表、配电板以及1个数据采集系统组成。如图5.4-10所示，4.8kW$_p$的光伏模块被分为两组并行的光伏阵列；每组光伏阵列（2.4kW$_p$）由16块串联连接的光伏组件组成，输出直流电压约为280V，接近功率点电压。这两组光伏阵列将并联连接，为逆变器提供直流电。

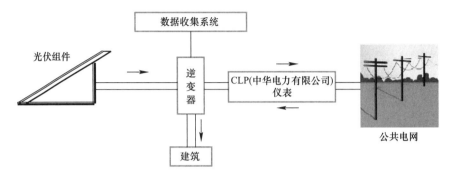

图 5.4-9　并网光伏系统示意图

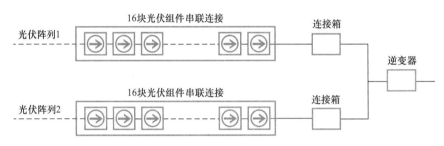

图 5.4-10　光伏组件互连关系示意图

此外，系统采用由香港理工大学可再生能源研究小组开发的光伏模块直接镶嵌覆层技术（DIPV），使得安装在屋顶（水平安装）的光伏组件（约40m²）不仅可以发电，还可提供遮阴和增强自然通风，从而减少了顶层房间的冷负荷。光伏阵列的布局示意图及布局实物图如图5.4-11和图5.4-12所示。连接箱和逆变器如图5.4-13所示。

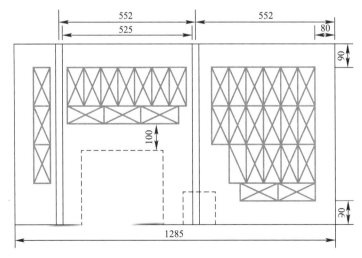

图 5.4-11　光伏阵列布局示意图

图 5.4-12　光伏阵列布局实物图

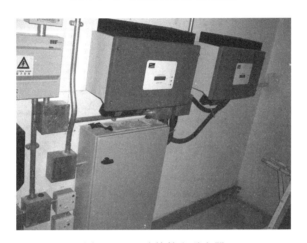

图 5.4-13　连接箱和逆变器

在直接光伏模块直接镶嵌覆层技术中，光伏组件和硬质聚苯乙烯绝缘板将通过特殊胶粘剂粘贴在建筑屋顶上，以提供额外保护。该结构能够抵御当地的夏季台风。此外，由于没有直接连接到屋顶结构，总成本得到降低；防水层和屋顶结构也不会受到损害。光伏阵列通过额外的接地带连接到建筑现有的接地系统，以提供接地路径。

完成以上设计后，便可以在市面上选择主要部件，该系统的光伏组件和逆变器的参数见表 5.4-1 和表 5.4-2。

光伏组件参数　　　　　　　　　　　　　　　　表 5.4-1

项目	参数
最大功率	$150W_p$
最大功率点电压	17.5V
最大功率点电流	8.56A
开路电压	21.5V
短路电流	9.44A
尺寸	1490mm×670mm×35mm
连接方式	通过带旁路二极管的接线盒连接

注：测试条件下的电气参数在标准测试条件下获得（光伏组件水平的太阳辐照度为 $1000W/m^2$，光谱 AM1.5，太阳能电池温度为 25℃）。

逆变器参数		表 5.4-2
项目	参数	
额定功率	4600W	
输入直流电压	246～480V	
输出交流电压	180～260V	
效率	95.2%	
输出频率	50Hz（可调范围 49～51Hz）	
尺寸	468mm×613mm×242mm	

逆变器能够将直流电转换为交流电，然后供给连接的负载。该逆变器具有从 246～480V 的扩展输入直流电压范围，并集成了防孤岛功能和最大功率跟踪功能；此外，该设备还具有通过电力线通信、无线电传输或数据线（RS232 或 RS485）进行诊断和通信的功能。

数据收集系统监测的参数包括气象数据（太阳辐照度、空气温度、风速、风向等）。光伏组件表面的入射太阳辐照度将使用安装在光伏组件旁、无周围物体遮挡影响的太阳辐射传感器进行测量。风速和风向由风速仪测量。从收集的风速和风向数据中可以评估当地的风力潜能，为第二阶段的风力涡轮机安装提供依据。

系统性能数据包括光伏组件直流电压输出、光伏组件直流电流输出、光伏组件直流功率输出、逆变器工作状态、逆变器交流电压输出、逆变器交流电流输出、逆变器交流功率输出、累计交流功率输出。所有直流和交流数据将通过 RS232 数据线从逆变器中收集。此外，还将监测屋顶表面的温度（光伏阵列遮阴和未遮阴点），以评估减少冷负荷的效果。

项目中使用的所有传感器和变送器均具有模拟信号输出的功能，包括电压（太阳辐射传感器、电压和电流传感器）、电阻（温度传感器）、开/关（风向）或频率（风速）。所有这些模拟信号都可以转换为数字信号，然后与逆变器和电力表的信号一起，由计算机记录。

5.5 冬奥会山地新闻中心光伏项目

图 5.5-1 为 2022 年北京冬奥会延庆赛区山地新闻中心光伏屋顶，该"绿色"屋顶系统采用黑色单晶硅双玻光伏组件作为天窗建材的一部分，安装于新闻媒体大厅上空的 64 个方形天窗外。这种设计不仅结合了天窗的倾角，优化了采光，同时也实现了光伏发电的功能。对于 64 个光伏天窗，首先在组件的选型上使用了无边框隐框式设计，以此替代传统建材。安装完成后，采用与组件同色硅胶均匀填充缝隙，光线缆采用沿铝扣板包边内穿的隐藏式安装方法。

图 5.5-1　2022 年北京冬奥会延庆赛区
山地新闻中心光伏屋顶
（图片来源：华夏时报）

该光伏屋顶需要定制 256 块异形光伏组件，整体装机容量达 129.8kW$_p$，年发电量可达 14 万 kWh，相当于每年减少 90t 二氧化碳排放。光伏系统产生的电能通过逆变器将直流电转换为市电频率交流电，接入延庆山地新闻中心低压配电系统，供场馆使用。项目采用自发自用、余电上网的运行方式，在满足山地新闻中心电力使用的前提下，其余部分将汇入公共电网供社会使用。

5.6　北京大兴国际机场停车楼屋面光伏

北京大兴国际机场（图 5.6-1）停车楼总建筑面积为 25 万 m^2，在其屋顶建设有光伏系统。如图 5.6-2 所示，该光伏系统由 23832 块 117.5W_p 的光伏组件构成，总装机容量达 2.8MW_p。基于区域设计，该项目采用 72 台 36kW 的逆变器将系统按 9 台为一组进行划分。考虑到用电经济性及并网安全，该项目还根据建筑分布情况，将整个发电系统分为了若干个子系统。其中每个子系统的太阳能光伏发电量经直流汇流、逆变以及交流汇流等过程后，最终并入项目 380V 母线，并实现了光伏发电自发自用，剩余发电量则被上传至当地配电网中。

图 5.6-1　北京大兴国际机场
（图片来源：光明日报）

图 5.6-2　机场屋顶光伏系统
（图片来源：北京日报）

为避免南侧航站楼的眩光风险并达到绿色建筑指标要求，该光伏系统采用了 0°倾角进行固定安装，并通过优化屋面绿植品种和种植株距，实现了光伏与屋面景观绿化的有机结合。综合考虑装机容量、年均太阳辐射量以及组件衰减率，该光伏系统预计年均发电量可达 300 余万 kWh，每年预计可节约标准煤 1080tce、减排二氧化碳 3040t。在该项目中，预估光伏年均发电量可满足 17% 的停车楼全年用电量，每年可为停车楼节省超 200 万元的运营成本。

5.7　深圳市建筑科学研究院未来大厦光伏系统

图 5.7-1 是深圳市建筑科学研究院（简称深圳建科院）未来大厦光伏系统。未来大厦建筑面积为 6259m^2，建筑高度为 37.7m，地上 8 层，地下 2 层，项目于 2019 年底完工，目前已投入科研使用。该示范项目的直流负载总用电容量达到 388kW，设备类型涵盖了空调、照明、插座、应急照明、充电桩等负荷类型，其系统原理图见图 5.7-2。

图 5.7-1 深圳建科院未来大厦光伏系统

（图片来源：中国电子报）

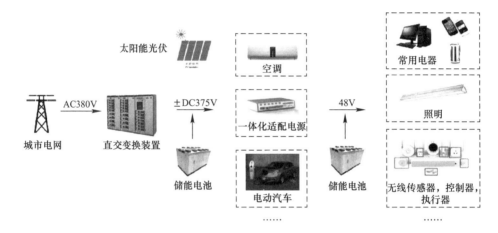

图 5.7-2 深圳建科院未来大厦光伏系统原理图

（图片来源：《中国光储直柔建筑战略发展路径研究》）

该光伏系统的装机容量为 150kW$_p$，通过具备 MPPT 功能的变换器接入建筑直流配电系统的直流母线。整套系统由高效的单晶硅光伏组件组成，结合通风与遮阳被动式节能技术、直流负载与配电系统、聚合集中式储能、空调和双向充电桩等多种柔性响应，大幅降低办公建筑能耗，2022 年度该系统用电成本降低到 0.46 元/kWh，相较于市网电价有可观的经济效益。

5.8 杭州大会展中心光伏项目

杭州大会展中心位于钱塘江南岸南阳街道，总占地面积约 0.74km^2，总建筑面积约 124 万 m^2，地上建筑面积约 84 万 m^2，是全国三大会展中心之一。如图 5.8-1 所示，在其 2 号和 3 号展厅之间建设有 8260m^2 的光伏采光顶棚，该采光顶棚共安装了 3682 块碲化镉光伏组件，光伏系统装机容量约为 771kW$_p$。其中光伏组件的结构为 "8mm 碲化镉玻璃＋3.2mm 空气腔＋8mm 普通钢化玻璃"，规格尺寸为 1180mm×1980mm，透光率为 40%，兼顾了发电和采光两大功能。

图 5.8-1　杭州大会展中心光伏采光顶棚

（图片来源：搜狐网）

该光伏系统并网运行，其光伏发电量可自发自用，余电将被上传公共电网。预估该系统每年可发电约 66.41 万 kWh，每年可节能减排量标准煤可达 202.49tce，每年可减排 552.54t 二氧化碳，25 年的总发电量约为 1660.29 万 kWh。

5.9　广东东莞 PV/T 模块示范工程

中国科学技术大学联合广东五星太阳能股份有限公司建立了一套包含 48 块微通道热管 PV/T 的 $20kW_p$ 示范系统。该示范系统位于广东五星太阳能股份有限公司，其测试平台实物图如图 5.9-1 所示。每块微通道热管 PV/T 包含 60 块单晶硅电池，单块功率为 $265W_p$。将 16 块 PV/T 进行串联，形成 1 组模块，这样共有 3 组串联模块。接着，将 3 组模块并联，由 1 个 $13kW_p$ 逆变器控制其工作状态，如图 5.9-2（a）所示。示范系统配备 1 个容积为 $2m^3$ 的蓄热水箱，并采用温差控制水泵的启停：当水箱温度和 PV/T 最高温差达到 5℃时，循环水泵启动使系统降温并收集热量。在水路配置上，横向 6 块 PV/T 互相串联，纵向 8 组 PV/T 并联，如图 5.9-2（b）所示。

图 5.9-1　$20kW_p$ 的 PV/T 示范系统测试平台实物图

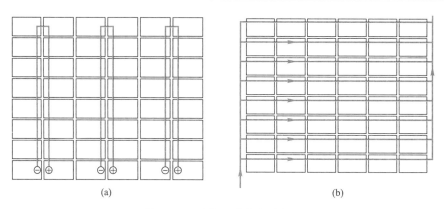

图 5.9-2　系统回路分布示意图

(a) 电回路；(b) 水回路

5.10　安徽芜湖 PV/T 建筑示范工程

中国科学技术大学联合芜湖贝斯特新能源开发有限公司在安徽省芜湖市草山村附近建立了 7 栋 PV/T 示范建筑，其实物图如图 5.10-1 所示。示范建筑总共占地 10000m²，这些建筑的设计融合了多种 PV/T 技术，在建筑立面采用的技术包括 PV/T 建筑外窗，在建筑屋面上采用的技术主要为平板型光伏热水系统。此外，建筑表面及周围还布局有单晶硅光伏组件以及真空管太阳能热水器等。为了评估 PV/T 技术在示范建筑上的应用潜力，笔者团队利用 TRNSYS 软件计算其中 F 栋建筑的能耗情况，并将计算结果与未安装 PV/T 系统的建筑能耗作对比。F 栋二层南墙安装 5 块本书第 4 章中所提到的 PV/T 建筑外墙，一层南墙安装 5 块 PV Trombe 墙系统。

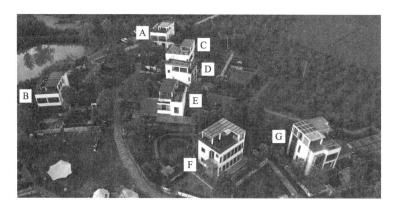

图 5.10-1　PV/T 示范建筑实物图

图 5.10-2 展示了 F 栋建筑全年的节能潜力。PV/T 系统的全年累计发电量为 1355.32kWh，平均发电效率为 14.19%。由于 PV/T 技术的应用，示范建筑的全年冷负荷减少了 5%，热负荷减少了 12%。由于示范建筑是一个能耗较高的农村建筑，受到建筑大空间和较差保温性能的影响，负荷的节能率相对较低。此外，示范建筑在非供暖季节的热水得热量为 455.3kWh，太阳能热水保证率为 33.4%。考虑到当地的空调系统平均性能

以及 PV/T 系统的运行和维护成本，计算结果表明，与安装 PV/T 系统之前相比，示范建筑的总能耗降低 25.3%，碳排放量降低约 33.5%。

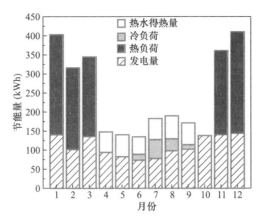

图 5.10-2　F 栋 PV/T 示范建筑全年节能潜力

本章参考文献

[1] WANG M, PENG J, LUO Y, et al. Comparison of different simplistic prediction models for forecasting PV power output: Assessment with experimental measurements [J]. Energy, 2021, 224 (6): 120162.1-120162.13.

[2] WANG M, PENG J, LI N, et al. Comparison of energy performance between PV double skin facades and PV insulating glass units [J]. Applied Energy, 2017, 194: 148-160.

[3] WANG M, PENG J, LI N, et al. Assessment of energy performance of semi-transparent PV insulating glass units using a validated simulation model [J]. Energy, 2016, 112: 538-548.

[4] HONG Z, YANG H, YUANHAO W, et al. TiO₂/Silane coupling agent composed two layers structure: A novel stability super-hydrophilic self-cleaning coating applied in PV panels [J]. Energy Procedia, 2017, 105: 1077-1083.

[5] YU Q, CHEN X, YANG H. Research progress on utilization of phase change materials in photovoltaic/thermal systems: A critical review [J]. Renewable and Sustainable Energy Reviews, 2021, 149: 111313.

[6] ZHANG Y, MA T, YANG H. Grid-connected photovoltaic battery systems: A comprehensive review and perspectives [J]. Applied Energy, 2022, 328: 1-24.

[7] MA T, YANG H, LU L. Solar photovoltaic system modeling and performance prediction [J]. Renewable and Sustainable Energy Reviews, 2014, 36: 304-315.

[8] NREL. System Advispr Model (SAM) [EB/OL]. [2024-07-25]. https://sam.nrel.gov/.

[9] HK RE NET. Feed in Tariff (FiT) [EB/OL]. [2024-05-05]. https://re.emsd.gov.hk/english/fit/int/fit _ int.html.

[10] CLP 中电. Feed-in Tariff (Residential) [EB/OL]. [2023-12-15]. https://www.clp.com.hk/en/residential/low-carbon-living/feed-in-tariff-residential.

[11] LIU J, CHEN X, YANG H, et al. Energy storage and management system design optimization for a photovoltaic integrated low-energy building [J]. Energy, 2020, 190: 116424.1-116424.20.

[12] GHOSH A，SUNDARAM S，MALLICK TK. Investigation of thermal and electrical performances of a combined semi-transparent PV-vacuum glazing [J]. Applied Energy，2018，228：1591-1600.

[13] 国家太阳能光热产业技术创新战略联盟. 北京冬奥村在屋顶设置 2584m^2 的真空管集热器，低碳成为北京冬奥宝贵遗产 [EB/OL]. （2021-06-07） [2024-01-06]. http：//cnste. org/html/zixun/2021/0607/7992. html.

[14] 张豫宁. 屋顶光伏电站冬奥会上表现优异，延庆赛区新闻中心光伏屋顶年减碳量超 150 吨 [EB/OL]. （2022-02-26）[2024-02-04]. https：//baijiahao. baidu. com/s? id＝1725822215644758164&wfr＝spider&for＝pc.

[15] 发展北京. 光伏发电成北京可再生能源佼佼者！装机容量接近 70 万千瓦！[EB/OL]. （2021-11-17）[2024-04-02]. https：//xinwen. bjd. com. cn/content/s6194f113e4b023337f24f394. html.

[16] 张雪瑜. 大兴机场有个隐藏“彩蛋”，很暖 [EB/OL]. （2019-09-28）[2024-02-05]. https：//baijiahao. baidu. com/s?id＝1645932112927244964&wfr＝spider&for＝pc.

[17] 首都机场集团有限公司. 大兴机场：停车楼屋面光伏发电项目数据接入 AEMS 系统 [EB/OL]. （2023-01-30）[2024-01-09]. https：//www. cah. com. cn/content/2023/01-30/7025741868860182528. html.

[18] 光伏资讯. 北京大兴机场：停车楼光伏发电项目投用 [EB/OL]. （2022-02-21） [2024-02-09]. https：//www. sohu. com/a/524379710 _ 146940.

[19] 第一展会网. 杭州大会展中心 [EB/OL]. [2024-03-01]. https：//www. onezh. com/hall/show _ 1072. html.

[20] 赵晨，张维佳，张琪玮. 智能光伏试点示范项目典型案例介绍 [EB/OL]. （2023-03-14） [2024-01-09]. https：//baijiahao. baidu. com/s?id＝1760380565385727802&wfr＝spider&for＝pc.

[21] 镖行天下. 推动可再生能源建设 助力可持续发展 | 杭州大会展中心屋顶“秒变”电站 [EB/OL]. [2024-01-08]. https：//www. biaobiaoxing. com/news-detail/220.

[22] 刘晓华，张涛，刘效辰，等. “光储直柔”建筑新型能源系统发展现状与研究展望 [J]. 暖通空调，2022，52（8）：1-9，82.

[23] 能源基金委.《中国光储直柔建筑战略发展路径研究》系列报告 [EB/OL]. （2022-07-01） [2024-02-11]. https：//www. efchina. org/Reports-zh/report-lccp-20220701-zh? set _ language＝zh.

[24] 钱包厚度精算师. 浙江最大光伏建筑一体化项目！5 月 24-26 日现场观摩！[EB/OL]. （2024-05-13） [2024-06-09]. https：//www. sohu. com/a/778522670 _ 121123896＃google _ vignette.

[25] 国家太阳能光热产业技术创新战略联盟. “新一代高效低成本太阳能光伏光热建筑一体化供热发电系统项目”结题会召开 [EB/OL]. （2019-07-13） [2024-05-11]. http：//www. cnste. org/html/jiaodian/2019/0713/5185. html.

[26] 王矗垚. 新型太阳能光伏光热建筑一体化综合利用研究与示范 [EB/OL]. [2024-03-06]. http：//kjbg. ahinfo. org. cn/index.

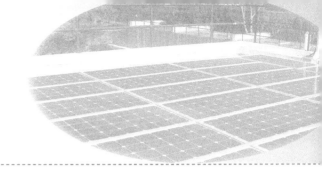

第6章 空气污染与太阳能光伏发电

气候变化和空气污染是当今人类社会面临的严峻挑战，也是国际社会共同关注的重大生态环境问题之一。改革开放以来，我国经济发展令世界瞩目，我国目前已成为全球第二大经济体。然而，以化石能源燃烧为主的能源结构也使得我国成为碳排放大国。过去10年，我国化石燃料燃烧导致的二氧化碳排放量的年均增长速度约为1.5%。2000—2021年，我国能源消费总量从14.7亿t标准煤增长至52.4亿t标准煤，成为全球最大的能源消费国。伴随着化石能源消费的迅速增长，空气污染成为我国面临的重大环境问题。其中，$PM_{2.5}$污染尤为突出。2020年，我国337个地级市或直辖市的$PM_{2.5}$平均质量浓度达到$33\mu g/m^3$，全国人口加权$PM_{2.5}$年平均质量浓度为$33.533\mu g/m^3$，远远超过世界卫生组织（WHO）在《全球空气质量指导值（2021）》中建议的$5\mu g/m^3$。为此，我国制定了一系列治理计划，将大气污染防治工作纳入国民经济和社会发展规划，并加大对大气污染防治的财政投入。根据芝加哥大学能源政策研究所的资料，2013—2021年，我国的空气污染减少了42.3%。然而，我国大气环境形势依然严峻，空气质量与计划目标仍有较大差距。面对二氧化碳排放与环境污染的双重问题，我国着眼基本国情和发展阶段特征，大力推动绿色循环低碳发展，积极应对气候变化，提出了"双碳"目标。为此，提高可再生能源的渗透率，将以化石燃料为主的能源系统转变为以可再生能源为主导的发电结构对实现减污降碳至关重要，也是实现"双碳"目标的核心途径。

光伏发电被认为是最具竞争力的低碳发电技术之一。在政策支持、技术效率提高和成本下降的推动下，我国已经成为全球光伏市场的领导者，光伏发电装机容量占全球总装机容量近1/3。在光伏系统装机容量一定的情况下，其发电量是由入射太阳辐照度决定的，太阳辐射量与光伏发电量呈正相关关系。然而，空气污染会削减有效到达光伏组件表面的太阳辐射，从而减少光伏系统的发电量。具体而言，空气污染通过3个主要机制影响光伏发电：①空气中的悬浮污染物，比如单质碳（黑碳）、硝酸盐和硫酸盐，会分散或吸收大气中的太阳辐射；②气溶胶可以通过间接气溶胶效应减少太阳辐射；③沉积在光伏组件表面的颗粒物，也会明显降低光伏系统的输出功率。鉴于光伏发电在实现我国"双碳"目标中发挥的关键作用，本章首先介绍了我国太阳能资源和光伏发电潜力的时空变化模式。同时，考虑到空气污染，进一步地在长期时间尺度上探究了空气污染对光伏发电的影响。特别地，按照光伏与建筑相结合的类型，探究了空气污染对不同类型的建筑光伏屋顶和光伏建筑立面发电潜力的影响。

6.1 太阳能资源与光伏发电潜力评估

高质量、长时间序列的地表太阳辐射数据是进行太阳能资源评估的重要基础，对于太阳能光伏发电潜力的评估具有重要意义。笔者团队开发了一种基于极端梯度提升（Extreme Gradient Boosting）算法结合粒子群优化算法（Particle Swarm Optimization）和"模型解释"算法（Shapley Additive Explanations）的可解释机器学习模型。所开发模型的准确性和泛化能力较既有模型有显著提高。

6.1.1 长期平均太阳能资源

总体而言，我国太阳能资源存在显著的地区性差异，总辐照度表现为西部地区较中东部地区更为丰富，高原和少雨干燥地区太阳辐照度较强，而平原和多雨高湿地区太阳辐照度较弱。

具体而言，从全国长期年平均水平面总太阳辐照度分布来看，西藏、青海、新疆、云南、海南、四川中西部、甘肃、宁夏、内蒙古、陕西、山西、河北、北京、天津、辽宁西部及吉林西部等地区太阳辐射资源很丰富，年平均水平面总太阳辐照度在 $160W/m^2$ 以上。特别是青藏高原地区，得益于高海拔和低纬度的地理条件，该区域大部分地区年平均水平面总太阳辐照度超过 $210W/m^2$，比同纬度其他地区都要高。相反，受湿润气候的影响，我国东南部省份的太阳辐射资源相对较少。尤其是四川盆地、重庆和贵州北部，由于空气湿度大、云量覆盖百分比高、雨雾天气多而晴天较少，部分地区年平均水平面总太阳辐照度低于 $110W/m^2$。假设水平面总太阳辐射在全国任何地点都是可利用的，1961—2016 年我国年平均水平面总太阳辐照度约为 $174.36W/m^2$。根据太阳能资源总量等级划分标准，我国长期平均太阳能资源为"很丰富"，处于"很丰富"及以上等级的地区面积占据全国面积的 65% 以上。

图 6.1-1 展示了 1961—2016 年我国不同省份年平均水平面总太阳辐照度及相应的太阳能资源占有率。在平均水平面总太阳辐照度方面，西藏、青海和新疆的年平均水平面总太阳辐照度分别为 $218.71W/m^2$、$183.63W/m^2$、$171.40W/m^2$，这些数值分别对应于太阳能资源总量等级的"最丰富""很丰富"和"很丰富"水平，为这些地区的光伏及其他太阳能技术的高效利用提供了优越的资源条件。特别是西藏，其太阳能资源居全国首位，远远超过同纬度平原地区。而东北、华东、华中和华南地区的绝大多数省（区、市）的太阳能资源处于"丰富"及以下水平。从太阳能资源占有率来看，新疆的太阳能资源占有率达到了 18.21%，位列全国首位，这与其丰富的年平均水平面总太阳辐照度以及广袤的土地面积密切相关，为新疆地区的光伏产业发展提供了得天独厚的优势。此外，重庆是我国太阳辐射资源最少的地区，其长期的年平均水平面总太阳辐照度仅为 $112.33W/m^2$。

季节是影响太阳能资源的一个重要因素。随着季节的变化，太阳的高度角和直射面积也有所改变。夏季时，太阳的高度角较大，直射面积较大，太阳辐照度较强。而在冬季，太阳的高度角较小，直射面积也较小，太阳辐照度相对较弱。我国年平均水平面总太阳辐照度的季节分布显示出与年平均水平面总辐照度相似的格局：高原、少雨干燥地区大于平原、多雨高湿地区，西部及西北地区大于东部及东南部地区。从全国范围来看，春季、夏季、

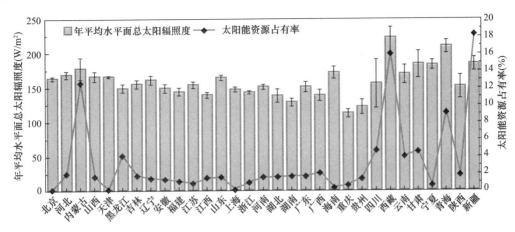

图 6.1-1　年不同省份平均水平面总太阳辐照度及相应的太阳能资源占有率

秋季和冬季的年平均水平面总太阳辐照度分别为 204.40W/m^2、229.25W/m^2、151.28W/m^2 和 112.47W/m^2，对应于太阳能资源总量等级的"最丰富""很丰富""丰富"和"一般"水平。就区域而言，青藏高原地区一直都是我国太阳能资源的高值中心。西藏大部分地区在春季、夏季和秋季的年平均水平面总太阳辐照度均超过了 200W/m^2 的阈值，特别是在夏季，其部分区域的年平均水平面总太阳辐照度可以达到 300W/m^2 甚至更高的水平。另一方面，太阳辐射低值中心不仅明显地出现在四川盆地及重庆地区，还会在其他地区显现，而且伴随着明显的季节性变化。在春季，受到季风和湿润气候的影响，贵州、湖南和广西的部分地区成为年平均水平面总太阳辐照度低于 120W/m^2 的低值中心。夏季时，太阳辐射低值中心也同时出现在云南西部边缘地区，这可能与当地夏季潮湿多雨的气候条件有关。而在秋季和冬季，高纬度的黑龙江漠河周边地区成为另一个太阳辐射低值中心，年平均水平面总太阳辐照度不超过 70W/m^2。这些季节性变化进一步凸显了太阳辐射在不同地区和季节的分布差异，对于太阳能资源的科学评估和可再生能源规划具有重要的参考价值。

6.1.2　光伏发电潜力

从 6.1.1 节可知，我国大部分地区的太阳能资源丰富，适合光伏产业的发展。基于构建的水平面总太阳辐射数据集，在不考虑土地利用类型的情况下，笔者团队以晶硅光伏为例评估了我国的光伏发电潜力。全国范围而言，1961—2016 年的年平均光伏发电潜力为 285.00kWh/m^2。总体上，光伏发电潜力的空间分布遵循太阳能资源的分布特点：高原大于平原、西部和北部干燥地区大于东部和南部湿润地区。西藏大部分地区、青海、新疆东部地区、南部及西南部边缘地区、甘肃大部分地区、宁夏大部分地区、内蒙古锡林郭勒以西地区、四川中西部地区和云南北部地区光伏发电潜力巨大，年平均光伏发电潜力超过 300kWh/m^2。这些地区除青藏高原之外，大部分为沙漠和戈壁滩，荒漠土地资源广阔，适宜大规模铺设光伏组件，建设大型或超大型并网和离网光伏电站，以及光伏综合应用示范基地。相反，四川盆地、重庆、贵州大部分地区、湖南中西部地区、湖北西南部地区和广西北部边缘地区的年平均光伏发电潜力在 200kWh/m^2 以下，低于西部及北部地区。

如图 6.1-2 所示，1961—2016 年我国各省（区、市）年平均光伏发电潜力以及光伏发电潜力占有率显示出明显的差异。得益于高海拔地理特点，西藏拥有全国最大的年平均光伏发电潜力值，达到365.37kWh/m²，全自治区光伏发电潜力占据全国的16.25%。而新疆凭借其广袤的土地面积拥有全国18.06%的光伏发电潜力，其年平均光伏发电潜力高达289.90kWh/m²，这也使得新疆成为我国光伏发电的重要区域。此外，内蒙古、青海及甘肃等省份也凭借其巨大的光伏发电潜力成为我国集中式光伏电站的重要发展地区。然而，在一些潮湿多云的省份，比如重庆和贵州，年平均光伏发电潜力不足200kWh/m²。其中，重庆的年平均光伏发电潜力值最小，仅为176.60kWh/m²。

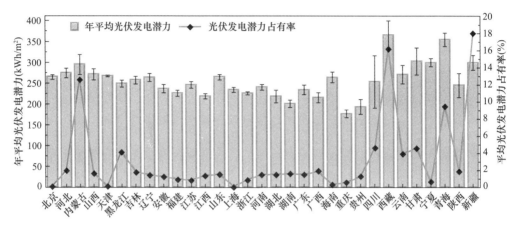

图 6.1-2 1961—2016 年我国不同省份年平均光伏发电潜力及光伏发电潜力占有率

根据国家能源局公布的光伏发电建设运行情况数据，我国在2022年新增并网光伏装机容量约87.408GW。其中河北、山东和河南的新增并网光伏装机容量最大，分别为9.34GW、9.26GW、7.78GW，占全国新增并网光伏装机容量的10.69%、10.59%、8.90%。同年，山东的累计并网光伏装机总量达到42.70GW，占全国光伏装机总量的10.89%，保持首位。其次是河北（9.83%）、浙江（6.48%）、江苏（6.40%）和河南（5.95%）。然而，西藏、青海、新疆、内蒙古和甘肃等拥有巨大光伏发电潜力的省份的开发力度和光伏装机容量增速明显不足。2022年，这些资源富集省份的新增光伏装机容量仅占全国新增光伏装机容量的10.03%，不及山东和河北的一半；其各自的累计光伏装机容量也远低于山东和江苏等光伏发电潜力相对较低的东部省份。同时，华北、华东以及中部地区省份的光伏发展以分布式光伏发电为主，电力资源与消费的重合度高，基本不存在"弃光"的问题。然而对于西北部省份而言，随着光伏发电装机容量的增加，发电量增速远超社会用电量增速，本地消纳能力、电力系统的输电能力和电网调度能力有限，导致部分光伏发电资源未被充分利用。

总体来看，目前我国光伏产业的发展仍存在显著的资源和产业区域不匹配的问题。在推进能源绿色低碳转型和实现"双碳"目标的背景下，我国光伏发电项目的整体布局需要进一步考虑光伏发电潜力空间格局，制定适应当地环境、经济和资源特点的发展战略。特别是在未来光伏装机容量持续快速增长的预期下，缓解西北地区光伏发电消纳压力、妥善解决弃光问题，是提高光伏项目收益率的重要因素，也是引领太阳能光伏产业走上健康、可持续发展道路的必要条件。因此，为了更好地开发西北地区的太阳能资源，一方面要加强区域间输电网络建设，提升输电通道电力外送能力，提高并优化对光伏电力的灵活调度能力，确保其有效利用。另一方面，要推动储能技术应用，建设大规模储能设施，应对光伏发电波动，提高电力系统的稳定性。此外，促进分布式能源发展，结合电力改革推动分布式可再生能源电力市场化交易，降低对集中式输电的依赖，也是促进可再生能源高质量发展的关键因素。

通过计算得到的光伏发电潜力的月累积结果，可以用于分析我国区域光伏发电潜力季节变化特征。我国光伏发电潜力在时间上分布不稳定，呈现出明显的季节变化特征。1961—2016 年，我国春季、夏季、秋季、冬季的平均光伏发电潜力分别为 84.43kWh/m²、90.12kWh/m²、62.21kWh/m²、48.51kWh/m²，季节间差异在 5.69～41.61kWh/m² 之间。总体上，西北地区光伏发电的自然优势在四个季节都非常明显，其中西藏地区的光伏发电潜力最大；而东南省份光伏发电潜力较小，重庆和四川盆地的光伏发电潜力最小。此外，光伏发电潜力的高值中心和低值中心分布模式与太阳能资源的季节性分布保持一致。1961—2016 年我国不同省份季节性平均光伏发电潜力见本书附录 3 中的表Ⅲ-2。

6.2　太阳能资源与光伏发电潜力时空演变

6.2.1　太阳能资源时空演变

研究表明，自 20 世纪 50 年代以来，世界大部分地区的太阳辐射出现了下降趋势，即"全球变暗"现象。然而，自 1990 年开始，持续数 10 年的"全球变暗"过程宣告结束，地球表面太阳辐射开始恢复，即所谓的"全球变亮"。为了更细致地揭示我国太阳能资源在过去的变化，利用我国 2474 个气象站构建的 1961—2016 年的水平面总太阳辐射数据集，对我国太阳能资源的时空演变进行了分析。在"全球变暗"时期，我国大部分地区的年平均水平面总太阳辐照度呈下降趋势。据计算，华东地区的下降速率高达 4.33W/(m²·10a)，华中和华南等太阳资源丰富度较低的地区的下降速率也超过了 3.5W/(m²·10a)。而进入"全球变亮"阶段之后，相当一部分省份的年平均水平面总太阳辐照度有所增加。其中云南在1990—2016 年间的上升速率最快，为 3.83W/(m²·10a)。内蒙古、黑龙江、吉林、新疆、西藏、四川和江西等地的上升速率超过 1W/(m²·10a)。相反，京津冀地区、河南和山东仍然显示约 2W/(m²·10a) 或更高的下降速率。总体而言，我国 1961—2016 年的年平均水平面总太阳辐射度呈下降趋势，每 10 年下降约 0.83W/m²。西北地区省份的下降速率最小，约为 0.27W/(m²·10a)。京津冀及其周边地区的下降趋势最显著，下降速率在2.89～3.98W/m² 之间。

在夏季、秋季和冬季，全国大部分地区的年平均水平面总太阳辐照度显示出下降趋势，其平均下降速率约为 1.83W/(m²·10a)、0.74W/(m²·10a) 和 0.83W/(m²·10a)。而春季年平均水平面总太阳辐照度的上升速率为 0.36W/(m²·10a)。此外，京津冀及其周边的山东、河南及山西等省份的年平均水平面总太阳辐照度在四个季节都显示出最大的下降趋势。附录 3 中的表Ⅲ-3 提供了 1961—2016 年我国不同省份年及季节平均水平面总太阳辐照度变化趋势的详细信息。

6.2.2 光伏发电潜力时空演变

整体上，光伏发电潜力变化趋势与年平均水平面总太阳辐照度相似。分阶段来看，1961—1990 年，全国平均光伏发电潜力下降速率为 2.54kWh/(m²·10a)。除西藏外，全国各省（区、市）均以下降趋势为主，特别是光伏发电潜力较低的华东、华中以及华南地区，其平均下降速率分别为 6.81kWh/(m²·10a)、6.09kWh/(m²·10a)、5.82kWh/(m²·10a)。光伏发电潜力较大的西北部地区出现了平均下降速率大约为 1.33kWh/(m²·10a) 的下降趋势，其中新疆光伏发电潜力在此阶段的平均下降速率仅为 0.65kWh/(m²·10a)。20 世纪 90 年代之后，尽管全国平均光伏发电潜力呈现上升速率为 0.68kWh/(m²·10a) 的趋势，但从 1961 年到 2016 年长期来看，我国平均光伏发电潜力依然呈现下降趋势，平均下降速率约为 1.69kWh/(m²·10a)，其中京津冀及周边地区更是出现了下降速率 4.88~6.66kWh/(m²·10a) 的显著下降。

从季节性光伏发电潜力的长期变化趋势来看，西北部和东部地区部分省份在春季表现出上升趋势，全国春季平均光伏发电潜力上升速率为 0.03kWh/(m²·10a)。然而这种变化趋势在夏季、秋季和冬季出现了不同程度的逆转，其每 10 年的下降速率分别为 0.80kWh/m²、0.38kWh/m²、0.43kWh/m²。特别是在夏季，华北、华东和华中地区的多数省份出现了下降速率超过 2kWh/(m²·10a) 的显著下降趋势。1961—2016 年我国不同省份年及季节平均光伏发电潜力变化趋势的详细数据见附录 3 中的表Ⅲ-4。

6.3 空气污染与光伏发电潜力

6.3.1 光伏发电容量因子

光伏发电容量因子是评价光伏组件性能的关键指标之一。光伏发电容量因子的定义为光伏组件年发电量与其年额定最大发电量的比值。在光伏发电装机规模相同的前提下，光伏发电容量因子越高的区域，其发电量和投资回报率越高。基于构建的水平面总太阳辐射数据集和光伏发电模型，假设光伏系统的装机容量为 1kW，计算了以最佳倾斜角度固定安装的晶硅光伏系统的光伏发电容量因子。

附录 3 中的表Ⅲ-5 提供了 1961—2016 年我国不同省份的平均光伏发电容量因子及其在两种天空条件下的差异的详细信息。在全天空条件下，我国的光伏发电容量因子在 0.093~0.255 之间，平均值为 0.161。与晴空条件下 0.203 的平均光伏发电容量因子相比，下降了 20.69%。西部和西北地区的光伏发电容量因子较高，大部分地区在全天空条件下的平均值在 0.18 以上，晴空条件下的光伏发电容量因子超过 0.20。其中，西藏在两种天空条件下的光伏发电容量因子都是最高的，分别为 0.240（晴空条件）和 0.208（全天空条件）。相比之下，中部和东南部地区的省份以及四川的光伏发电容量因子较低，全天空和晴空条件下的长期平均值分别低于 0.14 和 0.19。此外，与晴空条件下的数值相比，这些地区在全天空条件下的平均光伏发电容量因子下降了 30% 以上，而这种相对差异在西部和西北部地区的省份低于 20%。

6.3.2　空气污染对光伏发电容量因子的影响

气溶胶通过直接或间接辐射效应改变入射到地球表面的太阳辐照量，从而影响光伏发电潜力。在这个过程中，人为气溶胶排放对太阳辐射的影响比自然生成的气溶胶更为显著。有研究表明，吸收性气溶胶黑碳（BC）和散射性气溶胶二氧化硫（SO_2）是我国的主要气溶胶排放，它们对太阳总辐射、直接辐射和散射辐射的改变有显著影响。在此基础上，根据北京大学燃料燃烧排放清单，对年际光伏发电容量因子异常与人为气溶胶排放量之间的相关关系进行分析。如图 6.3-1 所示，年际光伏发电容量因子异常与标准化 BC 和 SO_2 排放量之间均呈显著的负相关关系，相关系数 r 分别为 -0.88 和 -0.76。即使在全天空条件下，这些负相关关系仍然显示出统计学意义上的显著性。这表明人为气溶胶排放是造成我国光伏发电容量因子降低的主要原因。

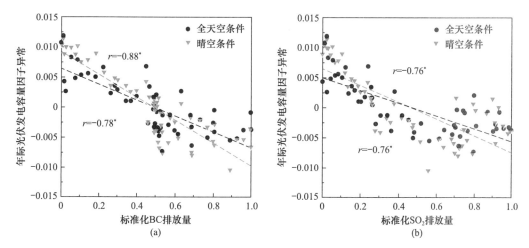

图 6.3-1　标准化 BC 排放量及 SO_2 排放量和年际光伏发电容量
因子异常相关分析（* 表示 $P<0.05$，P 值是统计检验中用于衡量
观察结果与零假设之间差异的概率。）
（a）标准化 BC 排放量；（b）标准化 SO_2 排放量

图 6.3-2 和图 6.3-3 分别显示了我国不同省份在两种天空条件下的平均光伏发电容量因子的时间序列和长期变化趋势。可以看出，在全天空条件下有多个省份呈现出统计意义上显著的下降趋势，每 10 年的绝对下降速率在 0.0009～0.0040 之间。华北、华中和东南部地区省份的下降趋势尤为明显，超过 0.003/10a。同样地，在晴空条件下，几乎所有省份显示出显著的下降趋势。其中最大的下降速率依然出现在华北、华中和东南部地区省份。就 1961—2016 年之间的平均光伏发电容量因子的相对变化而言，最大的百分比下降出现在中部及东部地区省份。其中下降最明显的 5 个省份在全天空条件下的百分比变化范围是 12.21%～14.77%，而在晴空条件下这一变化范围介于 10.07%～13.33% 之间。相比之下，西部和西北部地区的大多数省份在两种天空条件下的平均光伏发电容量因子在 1961—2016 年之间的下降幅度不超过 5%。

图 6.3-4 左图展示了全国晴空条件下平均光伏发电容量因子的时间序列。排除云量带来的影响之后，自 1961 年到 2016 年，我国平均光伏发电容量因子绝对值呈每 10 年降低

0.0025 的显著下降趋势。从"全球变暗和变亮"的视角来看，平均光伏发电容量因子在 1961—1990 年间出现了下降速率为 0.0053/10a 的显著下降趋势。自 1990 年开始，平均

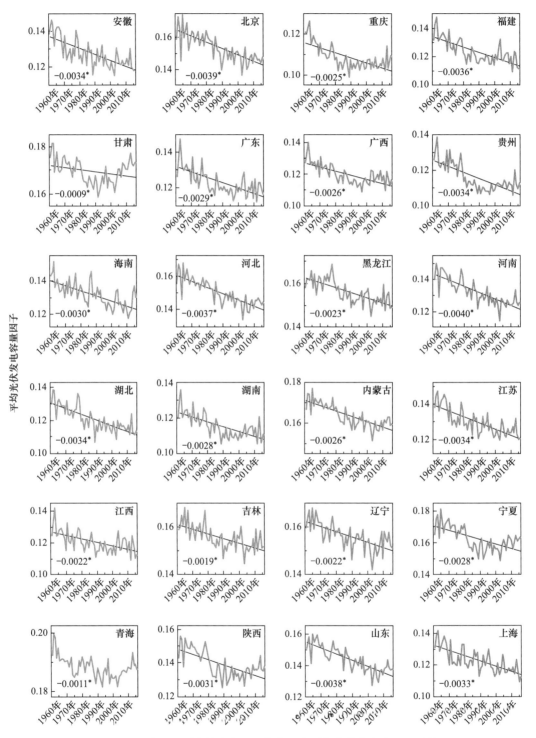

图 6.3-2　我国不同省份在全天空条件下的平均光伏发电容量因子的
时间序列和长期变化趋势（* 表示 $P<0.05$）（一）

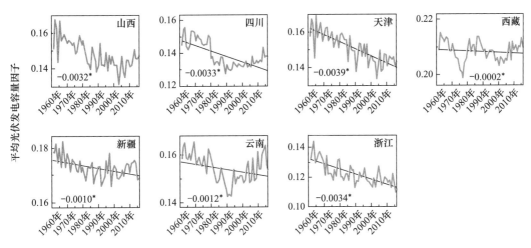

图 6.3-2　我国不同省份在全天空条件下的平均光伏发电容量因子的
时间序列和长期变化趋势（*表示 $P<0.05$）（二）

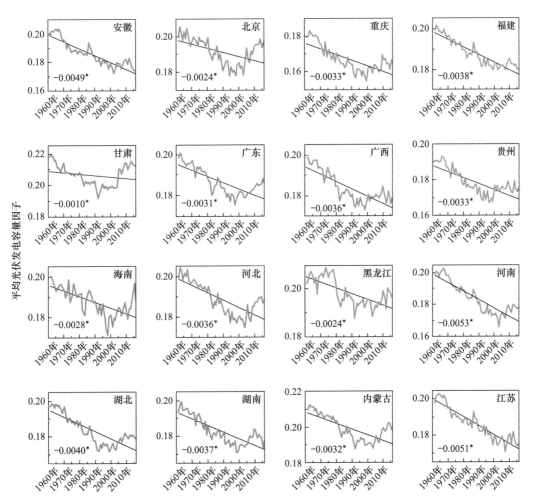

图 6.3-3　我国不同省份在晴空条件下的平均光伏发电容量因子的
时间序列和长期变化趋势（*表示 $P<0.05$）（一）

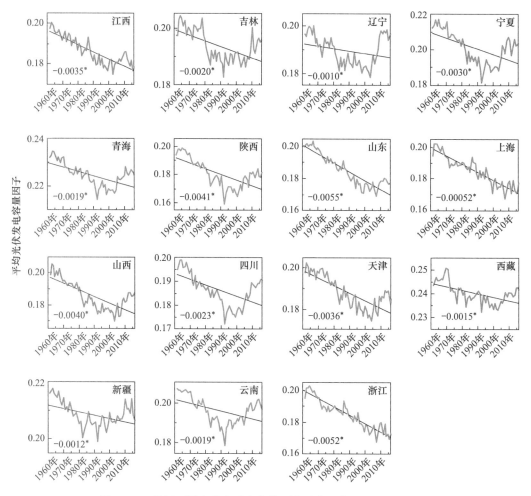

图 6.3-3　我国不同省份在晴空条件下的平均光伏发电容量因子的
时间序列和长期变化趋势（* 表示 $P<0.05$）（二）

光伏发电容量因子的下降趋势不再继续，并且开始以 0.003/10a 的上升速率上升。

　　图 6.3-4 右图提供了我国光伏发电容量因子在不少于 10 年的时间范围内的变化趋势。可以看到，在早期阶段，光伏发电容量因子通常显示出一致的下降速率超过 0.005/10a 的显著下降趋势。在经历早期连续大幅下降之后，其自 20 世纪 80 年代开始出现逆转，且这种逆转下降的趋势从 20 世纪 80 年代末开始在统计学意义上变得显著。从 2000 年左右开始，全国平均光伏发电容量因子开始出现每 10 年超过 0.005 的显著增长趋势。光伏发电容量因子在过去几十年间变化趋势的演变与我国空气质量的逐步改善有关。表 6.3-1 列举了 1987—2016 年我国发布的重要空气污染防治文件。自 1987 年颁布《中华人民共和国大气污染防治法》之后，我国相继出台和修订了大量与空气污染防治有关的法律法规。2013 年，国务院出台了的《大气污染防治行动计划》，旨在全面控制和治理大气污染物，将重点从控制污染物排放转向改善空气质量，并显著降低主要污染物浓度。总体来说，大气污染治理对我国光伏发电容量因子的恢复显示出积极的协同效应。随着我国改善空气质量行动的成效逐渐显现，未来光伏发电容量因子预计将得到进一步的提升。

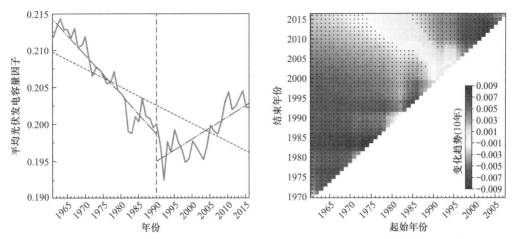

图 6.3-4　1961—2016 年全国晴空条件下平均光伏发电容量因子时间序列（左图）
及其在不少于 10 年的时间范围内的变化趋势（右图）

1987—2016 年我国发布的重要空气污染防治文件　　　　　表 6.3-1

发布年份	空气污染防治文件
1987	《中华人民共和国大气污染防治法》
1989	《中华人民共和国环境保护法》
1995	《中华人民共和国大气污染防治法》（1995 年修正）
1996	《中华人民共和国煤炭法》
1997	《大气污染物综合排放标准》GB 16297—1996，《工业炉窑大气污染物排放标准》GB 9078—1996
2000	《中华人民共和国大气污染防治法》（2000 年修订）
2003	《火电厂大气污染物排放标准》GB 13223—2003
2004	《水泥工业大气污染物排放标准》GB 4915—2004
2010	《关于推进大气污染联防联控工作改善区域空气质量的指导意见》
2021	《国家环境保护"十二五"规划》《火电厂大气污染物排放标准》GB 13223—2011
2012	《炼铁工业大气污染物排放标准 》GB 28663—2012
2013	《大气污染防治行动计划》
2014	《中华人民共和国环境保护法》（2014 年修订）、《水泥工业大气污染物排放标准 》GB 4915—2013
2015	《中华人民共和国大气污染防治法》（2015 年修订）、《全面实施燃煤电厂超低排放节能改造工作方案》

　　光伏组件表面接收的入射太阳辐照量会受到光伏系统安装方式的影响，从而影响光伏发电容量因子。因此，进一步计算了水平安装、平单轴跟踪和双轴跟踪的光伏系统容量因子，并定量地评估了空气污染对不同安装方式的光伏系统的影响。晴空条件下，4 种不同安装方式的光伏系统的光伏发电容量因子在 3 个时间段内呈现一致的空间分布，全国平均值分别介于 0.201～0.213、0.179～0.187、0.243～0.258 和 0.289～0.309 之间。在晴空条件下，与固定倾角安装的光伏系统相比，以水平方式安装的光伏系统的全国平均光伏发电容量因子减少了 11.07%～12.26%，而平单轴跟踪和双轴跟踪光伏系统的全国平均光伏发电容量因子分别提高了 20.65%～21.01% 和 43.62%～45.04%。对于"全球变暗"阶段末期（1986—1990 年）和当前阶段（2012—2016 年）而言，以固定倾角、水平、平单轴跟踪和双轴跟踪 4 种方式安装的光伏系统在晴空条件下的全国平均容量因子相比于 1961—1965 年的平均水平分别下降了 4.81%～5.73%、3.95%～4.37%、5.11%～5.82%、

5.66%～6.74%。这些结果表明，虽然跟踪式光伏系统会产生更大的发电效益，然而由于空气污染，它们也会比固定安装的光伏系统更容易受到影响。

图 6.3-5 显示了晴空条件下不同省份的 4 种光伏系统在不同时期的平均光伏发电容量因子的相对变化。在"全球变暗"阶段，1986—1990 年的固定倾角、水平、平单轴跟踪和双轴跟踪光伏系统的平均光伏发电容量因子相比于 1961—1965 年下降了 2.35%～10.02%、1.83%～7.98%、2.54%～10.43% 和 2.82%～11.94%。在"全球变亮"阶段，2012—2016 年大多数省份的平均光伏发电容量因子与 1986—1990 年的平均水平相比，上升了 4.27%～7.18%，而中部和东南部地区的省份显示出高达 6.69%～9.34% 的下降速率。总体而言，与 1961—1965 年的平均光伏发电容量因子相比，2012—2016 年的平均值分别下降了 0.48%～13.54%、1.15%～11.40%、1.06%～14.83% 和 1.31%～16.51%。特别是中部和东南部地区的大部分省份，其下降速率在 7%～17% 之间，而西部和西北部地区的大部分省份的下降速率小于 5%。

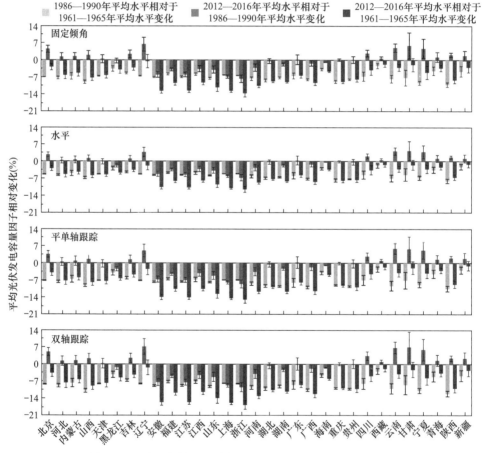

图 6.3-5 晴空条件下不同省份的 4 种光伏系统在不同时期的
平均光伏发电容量因子的相对变化

6.3.3 空气污染对建筑光伏系统的影响

光伏发电在我国城市中有广泛的应用，其主要形式是在建筑物的屋顶上安装光伏组件或者将光伏组件作为建筑一部分，例如将太阳能电池片集成到建筑的窗户、墙壁或幕墙中。假设建筑采用的光伏组件为晶硅光伏组件，使用与本书 6.3.1 节中相同的方法计算了我国 15 个典型城市不同光伏建筑类型的平均光伏发电容量因子，包括以最佳倾斜角度固定安装和水平安装的光伏屋顶以及东向、东南向（南偏东 45°）、南向、西南向（南偏西 45°）和西向的光伏建筑立面，如图 6.3-6 所示。在所考虑的建筑光伏系统中，以最佳倾角固定安装的光伏屋顶在 15 个城市均显示出最高的光伏发电容量因子，其在全天空条件下的平均值介于 0.094～0.254 之间，而在晴空条件下其平均值可以达到 0.183～0.286。相较于光伏屋顶的应用形式，光伏建筑立面的平均光伏发电容量因子通常较低，在全天空和晴空条件下的平均值分别在 0.055～0.183 和 0.104～0.210 之间。

就光伏建筑立面的朝向而言，除了高纬度地区的黑河在南向时具有最高的光伏发电潜力之外，其他 14 个城市的光伏建筑立面的平均光伏发电容量因子均在以东南朝向设置时显示出最大值：在全天空条件下其为 0.063～0.183 以及在晴空条件下其为 0.128～0.210。此外，东向、南向、西南向和西向光伏建筑立面在全天空条件下的平均光伏发电容量因子分别介于 0.063～0.162、0.056～0.172、0.056～0.163 及 0.055～0.138 之间；在晴空

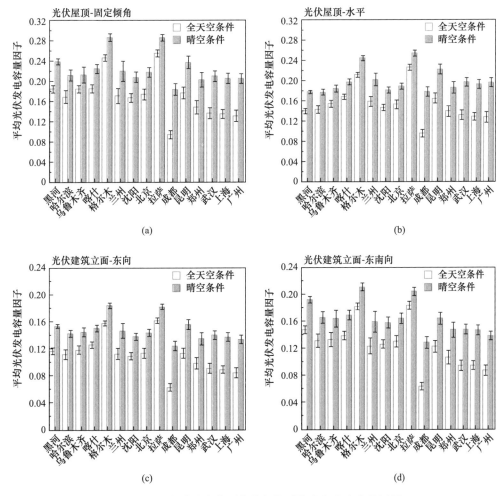

图 6.3-6 典型城市建筑光伏系统的长期平均光伏发电容量因子（一）

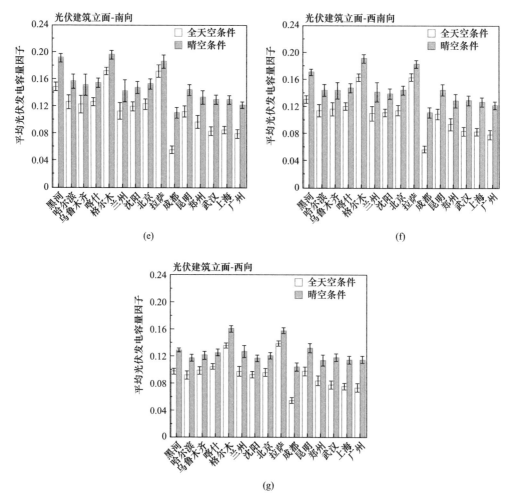

图 6.3-6　典型城市建筑光伏系统的长期平均光伏发电容量因子（二）

条件下的平均光伏发电容量因子分别介于 0.125～0.184、0.111～0.196、0.111～0.190
及 0.104～0.160 之间。

如图 6.3-7 所示，以北京为例，全天空条件下的建筑光伏系统平均光伏发电容量因子
在 20 世纪 80 年代末期之前与长期平均值相比偏大，而在此之后的平均值则明显偏低。另
一方面，从晴空条件下平均光伏发电容量因子距平来看，在进入 21 世纪之后，此前的偏
低情况得到改善并逐渐逆转。

在消除云带来的影响之后，典型城市建筑光伏系统在晴空条件下的平均光伏发电容量
因子在不同时期的变化趋势如图 6.3-8 所示。在"全球变暗"阶段，所有城市的建筑光伏
系统平均光伏发电容量因子均呈下降趋势，其每 10 年的下降速率介于 0.0005～0.0140 之
间。进入"全球变亮"阶段之后，大多数城市建筑光伏系统平均光伏发电容量因子的下降
趋势开始逆转，并出现上升速率介于 0.0005/10a 和 0.0281/10a 之间的上升趋势。然而，
哈尔滨、郑州、格尔木和上海等地的建筑光伏系统平均光伏发电容量因子在此期间依然呈
现出下降速率为 0.0004/10a～0.0034/10a 的下降趋势。总体上，就近 55 年的长期变化趋
势而言，黑河的各种类型的建筑光伏系统平均光伏发电容量因子均未见明显的变化趋势；

哈尔滨、乌鲁木齐、格尔木、北京、拉萨、成都、昆明、郑州、武汉、上海和广州等地显示出较为明显的下降趋势，其每 10 年的下降速率在 0.0004～0.0080 之间；喀什、兰州和沈阳则出现了上升速率不超过 0.0036/10a 的上升趋势。

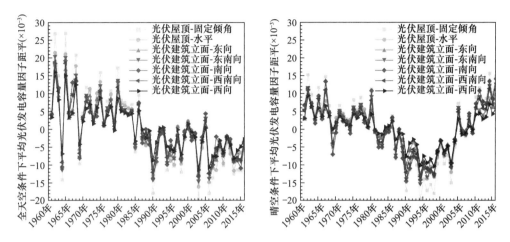

图 6.3-7　1961—2016 年北京不同类型建筑光伏系统平均光伏发电容量因子距平

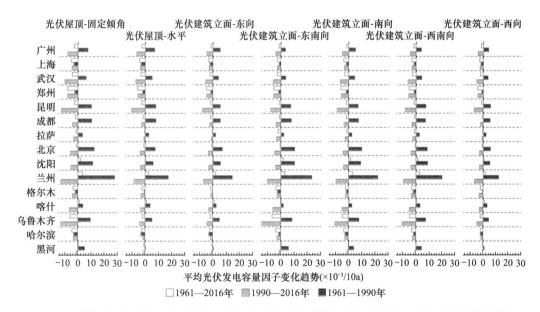

图 6.3-8　典型城市建筑光伏系统在晴空条件下的平均光伏发电容量因子在不同时期的变化趋势

6.3.4　空气污染防治对光伏发电的积极作用

进一步地，基于"十四五"期间的光伏装机容量和 1961—1965 年及 2012—2016 年时期的光伏发电容量因子，对空气污染对于我国光伏行业的影响进行了定量的评估。假设 2021 年安装的发电效率为 14.6% 的集中式光伏系统为平单轴跟踪系统，而剩余的集中式光伏系统和分布式光伏系统以最佳倾斜角固定安装。2025 年光伏装机容量根据各地政府部门发布的"十四五"可再生能源发展规划中的目标确定。附录 3 中的表Ⅲ-6 提供了我国不同省份 2021 年光伏装机容量及 2025 年预计光伏装机容量的详细信息。同时，假设到 2025

年，20％的集中式光伏系统以平单轴跟踪的方式安装。

以 2021 年的光伏装机容量和 2012—2016 年的平均光伏发电容量因子计算，全国光伏发电量为 382.15TWh。然而，如果光伏发电容量因子可以恢复到 1961—1965 年的平均水平，全国光伏发电量将增加 9.5％，达到 418.58TWh。山东是我国光伏产业的主要贡献省份，占全国光伏发电量的 10％以上。然而，对比两种光伏发电容量因子情境，山东因空气污染造成的光伏发电损失高达 4.16TWh，超过了我国约 1/3 省份的全年光伏发电量。此外，河北、江苏、浙江和安徽等省份因空气污染造成的光伏发电损失超过 2.5TWh。基于 2025 年预期的光伏装机容量情况，届时的光伏发电容量因子如果可以恢复到 1961—1965 年的平均水平，那么与其维持在 2012—2016 年的情境相比，全国光伏发电量可增加 8.2％，达到 1070TWh。从各省（区、市）的情况来看，更清洁的空气有望使 31 个省（区、市）的光伏发电量增加 0.114～7.37TWh，其中山东、河北、江苏、山西和浙江的增加量可以超过 5TWh。

《国家发展改革委关于 2021 年新能源上网电价政策有关事项的通知》中明确，自 2021 年起，对新备案集中式光伏电站及工商业分布式光伏业项目，中央财政不再补贴，实行平价上网；新建项目上网电价，按当地燃煤发电基准价执行。按照国家发展改革委公布的 2021 年各地燃煤发电指导电价，并假设其到 2025 年维持不变，对 2021 年光伏发电的经济损失和通过空气污染治理在 2025 年可能获得的光伏发电额外的经济效益进行估算，结果如图 6.3-9 所示。相较于 1961—1965 年的平均光伏发电容量因子水平，在 2012—2016 年的平均光伏发电容量因子水平下，31 个省（区、市）的光伏部门在 2021 年的光伏发电经济损失在 0.008 亿～16.38 亿元之间，全国的总损失为 135.96 亿元。在提高空气质量使光伏发电容量因子在 2025 年恢复到 1961—1965 年的平均水平的情况下，全国光伏发电的额外经济效益将达到 301.02 亿元，其中 8 个省（区、市）预计将获得超过 15 亿元的额外收入。

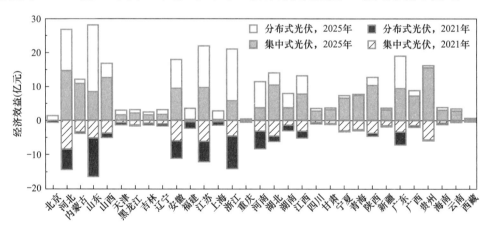

图 6.3-9　两种光伏发电容量因子条件下光伏发电的经济差异

本章参考文献

[1]　PIERRE F，MICHAEL O，W. M J，et al. Global carbon budget 2022 [J]. Earth System Science Data，2022，14（11）：4811-4900.

[2] LIZHI M, SHENG T, XINTING L, et al. Estimating the CO_2 emissions of Chinese cities from 2011 to 2020 based on SPNN-GNNWR [J]. Environmental Research, 2023, 218: 115060-115060.

[3] 中国清洁空气政策伙伴关系 (CCAPP). 报告发布 |《中国碳中和与清洁空气协同路径 (2021)》[EB/OL]. (2021-10-19) [2024-01-22]. http://www. ccapp. org. cn/dist/reportinfo/276.

[4] Michael Greenstone and Christa Hasenkopf. AIR QUALITY LIFE INDEX | 2023 Annual Update [EB/OL]. 2023-08 [2024-02-07]. https://aqli. epic. uchicago. edu/reports/? lang=zh-hans&l=zh-hans.

[5] International Energy Agency (IEA). An Energy Sector Roadmap to Carbon Neutrality in China [EB/OL]. (2021-10-18) [2024-01-25]. https://www. oecd-ilibrary. org/energy/an-energy-sector-road-map-to-carbon-neutrality-in-china _ 5f517ddb-en.

[6] SANDRA ENKHARDT. Global solar capacity additions hit 268 GW in 2022, says BNEF [EB/OL]. (2022-12-23) [2024-04-16]. https://www. pv-magazine. com/2022/12/23/global-solar-capacity-ad-ditions-hit-268-gw-in-2022-says-bnef/.

[7] SARTELET K, LEGORGEU C, LUGON L, et al. Representation of aerosol optical properties using a chemistry transport model to improve solar irradiance modelling [J]. Solar Energy, 2018, 176 (12): 439-452.

[8] SONG Z, WANG M, YANG H. Quantification of the impact of fine particulate matter on solar energy resources and energy performance of different photovoltaic technologies [J]. ACS Environmental Au, 2022, 2 (3): 275-286.

[9] QIU Y, ZHAO C, GUO J, et al. 8-Year ground-based observational analysis about the seasonal variation of the aerosol-cloud droplet effective radius relationship at SGP site [J]. Atmospheric Environment, 2017, 164 (9): 139-146.

[10] SONG Z, LIU J, YANG H. Air pollution and soiling implications for solar photovoltaic power generation: A comprehensive review [J]. Applied Energy, 2021, 298 (116): 117247.

[11] SONG Z, CAO S, YANG H. Assessment of solar radiation resource and photovoltaic power potential across China based on optimized interpretable machine learning model and GIS-based approaches [J]. Applied Energy, 2023, 339 (6): 1. 1-1. 17.

[12] ZHE SONG, SUNLIANG CAO, HONGXING YANG. Quantifying the air pollution impacts on solar photovoltaic capacity factors and potential benefits of pollution control for the solar sector in China [J]. Applied Energy, 2024, 365: 123264.

[13] WILD M. From dimming to brightening: Decadal changes in solar radiation at earth's surface [J]. Science, 2005, 308 (5723): 847-850.

[14] WILD M, TRÜSSEL B, OHMURA A, et al. Global dimming and brightening: An update beyond 2000 [J]. Geophys Res Atmos, 2009, 114: 1-14.

[15] WILD M. Global dimming and brightening: A review [J]. Geophys Res Atmos, 2009, 114: 1-31.

[16] WANG Y, YANG S, SANCHEZ-LORENZO A, et al. A revisit of direct and diffuse solar radiation in china based on homogeneous surface observations: Climatology, trends, and their probable causes [J]. Geophys Res Atmos, 2020, 125: 1-19.

[17] LI J, JIANG Y, XIA X, et al. Increase of surface solar irradiance across East China related to changes in aerosol properties during the past decade [J]. Environ Res Lett, 2018, 13: 34006.

[18] WANG R, TAO S, BALKANSKI Y, et al. Exposure to ambient black carbon derived from a unique inventory and high-resolution model [J]. Proc Natl Acad Sci, 2014, 111 (7): 2459-2463.

[19] LUO J, HAN Y, ZHAO Y, et al. An inter-comparative evaluation of PKU-FUEL global SO_2 emission inventory [J]. Sci Total Environment, 2020, 722: 137755.

附 录

附录1 中国98个城市平均太阳辐照量

中国98个城市平均太阳辐照量

表 I-1

编号	城市	1月 (MJ/m²)	2月 (MJ/m²)	3月 (MJ/m²)	4月 (MJ/m²)	5月 (MJ/m²)	6月 (MJ/m²)	7月 (MJ/m²)	8月 (MJ/m²)	9月 (MJ/m²)	10月 (MJ/m²)	11月 (MJ/m²)	12月 (MJ/m²)
1	北京	256	321	510	615	729	658	568	538	451	356	252	223
2	天津	252	316	503	605	719	673	598	550	469	371	252	222
3	保定	237	294	471	553	648	616	496	456	401	328	224	205
4	太原	285	324	516	615	729	692	600	549	440	374	264	241
5	海拉尔	131	201	380	657	850	822	771	657	497	341	156	105
6	额济纳	262	346	538	669	803	820	828	736	590	451	284	226
7	二连浩特	210	316	551	711	872	862	852	757	568	413	241	182
8	沈阳	229	314	519	548	768	685	616	551	483	373	236	188
9	长春	174	255	439	605	716	675	602	539	453	334	194	146
10	漠河	111	198	408	612	736	724	643	514	405	269	128	80
11	牡丹江	161	241	432	619	719	675	613	540	445	331	187	132
12	哈尔滨	161	241	432	619	719	675	613	540	445	331	187	132
13	上海	270	288	434	524	583	521	628	580	467	394	283	258
14	南京	268	281	443	545	587	530	546	509	410	381	266	255
15	杭州	259	287	432	523	580	538	640	585	447	392	270	252
16	合肥	252	270	424	5·3	553	512	510	474	394	365	251	244

续表

编号	城市	1月 (MJ/m²)	2月 (MJ/m²)	3月 (MJ/m²)	4月 (MJ/m²)	5月 (MJ/m²)	6月 (MJ/m²)	7月 (MJ/m²)	8月 (MJ/m²)	9月 (MJ/m²)	10月 (MJ/m²)	11月 (MJ/m²)	12月 (MJ/m²)
17	福州	257	279	400	461	476	477	610	554	463	410	269	261
18	厦门	346	337	463	524	533	533	652	605	541	508	365	345
19	潍坊	243	288	468	546	625	604	525	471	424	367	245	217
20	济南	262	310	489	563	661	651	562	487	431	385	255	238
21	郑州	275	312	478	548	633	655	590	523	419	376	268	257
22	武汉	253	268	403	473	500	482	532	490	405	360	259	249
23	长沙	235	265	371	457	507	515	627	574	440	370	260	244
24	广州	289	279	323	351	410	415	469	464	418	409	301	293
25	汕头	352	346	448	496	528	542	625	595	527	488	363	349
26	桂林	245	265	344	412	468	476	576	569	473	410	291	262
27	南宁	269	299	361	452	544	522	555	552	497	443	331	291
28	海口	298	345	467	538	632	606	621	594	514	450	348	305
29	东方	351	359	460	503	545	502	503	498	468	443	375	350
30	重庆	159	205	332	385	411	403	514	487	305	227	163	139
31	成都	202	238	341	404	423	380	389	379	276	242	189	182
32	贵阳	159	197	280	314	321	295	347	355	278	233	178	152
33	昆明	424	472	605	626	666	579	573	566	489	454	423	375
34	临仓	425	465	573	578	578	485	464	477	446	431	412	394
35	狮泉河	448	498	697	802	928	949	953	887	763	632	477	413
36	拉萨	404	427	573	651	766	788	790	754	652	570	442	386
37	日喀则	455	479	639	727	841	866	861	818	717	625	490	431
38	安康	225	256	398	463	481	503	532	502	343	280	191	200
39	敦煌	273	339	537	652	772	770	781	713	591	463	295	233

续表

编号	城市	1月 (MJ/m²)	2月 (MJ/m²)	3月 (MJ/m²)	4月 (MJ/m²)	5月 (MJ/m²)	6月 (MJ/m²)	7月 (MJ/m²)	8月 (MJ/m²)	9月 (MJ/m²)	10月 (MJ/m²)	11月 (MJ/m²)	12月 (MJ/m²)
40	张掖	296	356	521	608	704	715	719	651	539	448	313	262
41	格尔木	343	394	568	672	779	796	818	761	615	510	366	308
42	西宁	313	355	508	575	649	665	676	626	503	433	319	282
43	银川	282	341	510	615	717	724	722	641	507	430	290	241
44	库尔勒	253	314	494	600	715	703	728	642	542	436	284	210
45	哈密	273	346	536	641	764	768	792	723	590	463	286	233
46	克拉玛依	171	238	411	552	694	690	704	632	484	331	187	137
47	乌鲁木齐	178	234	398	533	654	664	685	614	488	346	195	149
48	喀什	283	318	481	590	697	744	754	674	550	457	306	243
49	和田	295	342	507	594	711	708	707	643	553	476	327	266
50	运城	284	307	464	543	607	626	575	523	401	354	256	246
51	离石	286	332	536	637	736	730	628	560	436	374	266	237
52	爱辉	125	204	398	589	709	645	601	509	400	282	143	94
53	安达	154	231	439	630	736	689	631	549	448	326	185	127
54	赤峰	256	349	571	709	874	809	746	680	546	415	269	221
55	东胜	254	321	522	651	769	740	682	602	471	375	253	212
56	集宁	249	324	532	653	771	738	698	636	488	383	244	205
57	通辽	212	301	507	639	751	705	645	594	496	366	232	177
58	朝阳	237	316	518	620	736	649	586	547	466	369	245	205
59	大连	249	305	497	585	694	628	556	540	469	380	253	216
60	延吉	214	291	480	592	667	601	560	517	439	351	207	176
61	本溪	217	292	481	596	718	643	606	521	445	339	214	176
62	齐齐哈尔	156	236	445	644	749	695	652	566	449	336	182	128

续表

编号	城市	1月 (MJ/m²)	2月 (MJ/m²)	3月 (MJ/m²)	4月 (MJ/m²)	5月 (MJ/m²)	6月 (MJ/m²)	7月 (MJ/m²)	8月 (MJ/m²)	9月 (MJ/m²)	10月 (MJ/m²)	11月 (MJ/m²)	12月 (MJ/m²)
63	丽水	271	318	443	527	575	531	675	626	486	415	285	266
64	安庆	243	260	399	478	522	478	536	513	407	355	253	237
65	蚌埠	288	291	466	554	629	610	555	518	427	396	267	252
66	徐州	259	293	457	529	598	598	548	506	421	372	251	232
67	南平	263	302	403	476	513	497	631	592	493	410	269	259
68	赣州	273	309	391	487	542	549	681	621	508	440	294	273
69	南昌	270	300	406	498	559	513	651	619	497	433	289	269
70	南阳	269	298	438	506	591	594	560	530	413	364	249	247
71	景德镇	269	304	432	515	565	510	622	605	509	436	290	273
72	宜昌	236	260	408	469	510	507	552	535	393	343	235	228
73	郴州	223	260	351	430	487	504	641	562	438	356	250	233
74	岳阳	218	245	363	422	473	458	530	501	391	328	235	219
75	湛江	283	273	344	406	515	513	527	509	470	427	333	302
76	韶关	268	285	341	399	450	470	565	555	470	419	291	270
77	达州	176	204	348	413	423	431	507	498	321	265	176	152
78	西昌	176	204	348	413	423	431	507	498	321	265	176	152
79	绵阳	197	235	353	437	487	432	450	457	313	260	198	182
80	宜宾	172	223	351	418	446	405	480	463	306	244	192	157
81	毕节	209	263	385	435	488	439	552	523	395	300	247	188
82	承德	255	328	527	643	756	669	600	562	463	369	251	217
83	丽江	451	475	610	648	696	640	620	629	546	537	470	428
84	腾冲	193	263	430	592	755	783	803	717	545	364	202	154
85	张家口	256	331	535	655	783	731	658	615	492	380	254	222

续表

编号	城市	1月 (MJ/m²)	2月 (MJ/m²)	3月 (MJ/m²)	4月 (MJ/m²)	5月 (MJ/m²)	6月 (MJ/m²)	7月 (MJ/m²)	8月 (MJ/m²)	9月 (MJ/m²)	10月 (MJ/m²)	11月 (MJ/m²)	12月 (MJ/m²)
86	邢台	257	313	512	580	678	665	556	492	421	371	259	232
87	延安	286	320	493	590	653	659	591	530	415	367	268	244
88	安康	225	256	398	463	481	503	532	502	343	280	191	200
89	酒泉	274	332	499	599	700	729	754	682	546	431	288	239
90	石家庄	258	317	514	593	689	671	568	505	425	356	252	231
91	唐山	249	311	497	593	708	627	548	510	445	361	246	211
92	盐池	298	348	515	605	696	713	698	625	490	414	299	257
93	丹东	233	291	451	536	597	527	469	464	428	348	226	190
94	营口	220	280	448	529	611	562	517	473	410	334	222	183
95	锦州	521	630	738	641	571	557	484	382	256	218	250	323
96	吐鲁番	202	271	445	570	683	685	692	631	508	380	229	169
97	长岭	172	257	451	637	716	665	592	531	449	328	199	142
98	四平	214	291	480	592	667	601	560	517	439	351	207	176

附录 2　与光伏组件实际发电功率的相关比较

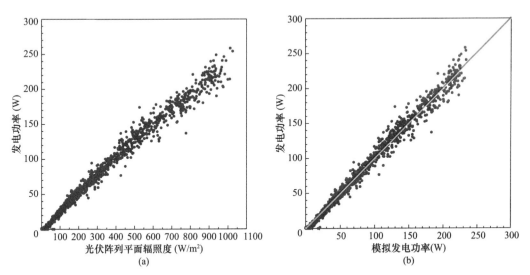

图 II-1　280W$_p$ 多晶硅光伏组件的发电功率与光伏阵列平面辐照度的
相关性以及基于 PVUSA 模型的模拟结果之间的比较

（a）发电功率与光伏阵列平面辐照度的相关性；

（b）发电功率与基于 PVUSA 模型的模拟结果之间的比较

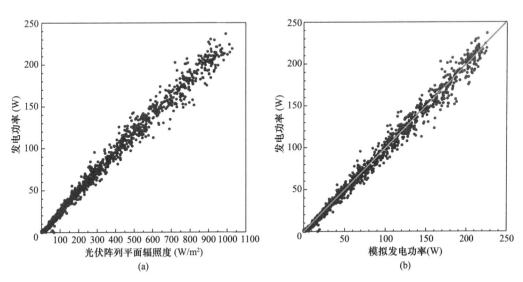

图 II-2　280W$_p$ 多晶硅光伏组件的发电功率与光伏阵列平面辐照度的
相关性以及基于 PVUSA 模型的模拟结果之间的比较

（a）发电功率与光伏阵列平面辐照度的相关性；

（b）发电功率与基于 PVUSA 模型的模拟结果之间的比较

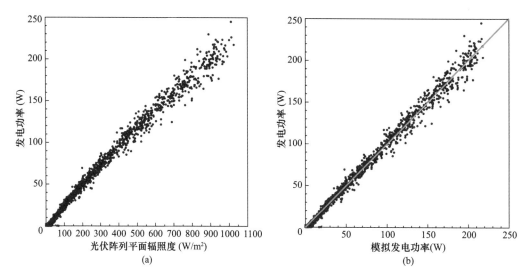

图Ⅱ-3 275W$_p$ 多晶硅光伏组件的发电功率与光伏阵列平面辐照度的
相关性以及基于 PVUSA 模型的模拟结果之间的比较
（a）发电功率与光伏阵列平面辐照度的相关性；
（b）发电功率与基于 PVUSA 模型的模拟结果之间的比较

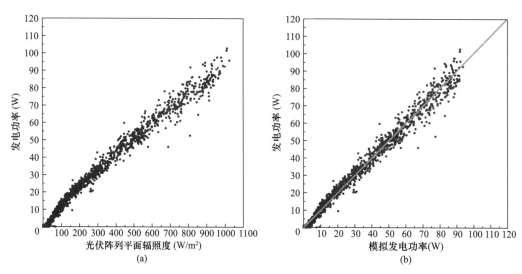

图Ⅱ-4 140W$_p$ 非晶硅光伏组件的发电功率与光伏阵列平面辐照度的
相关性以及基于 PVUSA 模型的模拟结果之间的比较
（a）发电功率与光伏阵列平面辐照度的相关性；
（b）发电功率与基于 PVUSA 模型的模拟结果之间的比较

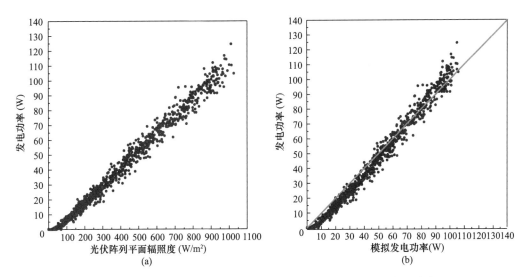

图Ⅱ-5　130Wₚ 非晶硅光伏组件的发电功率与光伏阵列平面辐照度的
相关性以及基于 PVUSA 模型的模拟结果之间的比较

（a）发电功率与光伏阵列平面辐照度的相关性；
（b）发电功率与基于 PVUSA 模型的模拟结果之间的比较

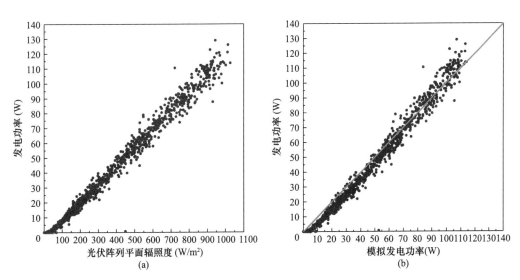

图Ⅱ-6　140Wₚ 铜铟镓硒光伏组件的发电功率与光伏阵列平面辐照度的
相关性以及基于 PVUSA 模型的模拟结果之间的比较

（a）发电功率与光伏阵列平面辐照度的相关性；
（b）发电功率与基于 PVUSA 模型的模拟结果之间的比较

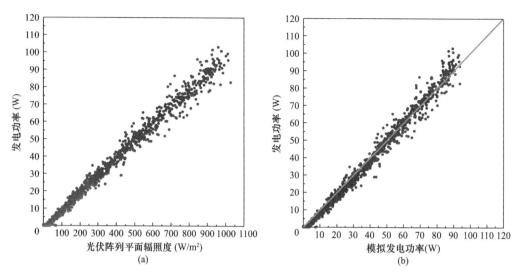

图Ⅱ-7　115W_p 铜钢镓硒光伏组件的发电功率与光伏阵列平面辐照度的
相关性以及基于 PVUSA 模型的模拟结果之间的比较
（a）发电功率与光伏阵列平面辐照度的相关性；
（b）发电功率与基于 PVUSA 模型的模拟结果之间的比较

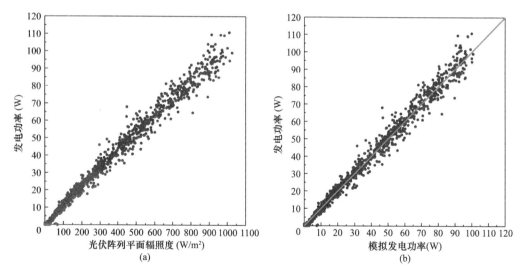

图Ⅱ-8　107.5W_p 碲化镉光伏组件的发电功率与光伏阵列平面辐照度的
相关性以及基于 PVUSA 模型的模拟结果之间的比较
（a）发电功率与光伏阵列平面辐照度的相关性；
（b）发电功率与基于 PVUSA 模型的模拟结果之间的比较

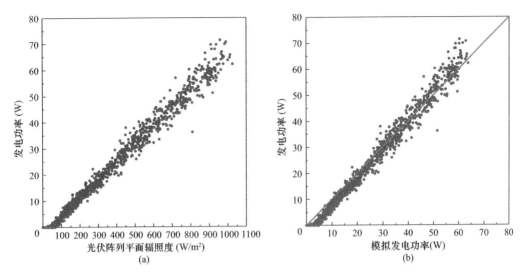

图Ⅱ-9　80W_p 碲化镉光伏组件的发电功率与光伏阵列平面辐照度的相关性

以及基于 PVUSA 模型的模拟结果之间的比较

（a）发电功率与光伏阵列平面辐照度的相关性；

（b）发电功率与基于 PVUSA 模型的模拟结果之间的比较

附录3 1961—2016年我国不同省份太阳能资源分布与光伏发电潜力

1961—2016年我国不同省份的季节平均水平面总太阳辐照度　　　表Ⅲ-1

省份	平均水平面总太阳辐照度（W/m²）			
	春季	夏季	秋季	冬季
北京	206.99	211.08	135.59	100.92
河北	212.11	219.95	139.28	103.80
内蒙古	223.93	242.75	142.68	103.20
山西	204.07	217.59	135.21	108.24
天津	211.45	214.63	137.36	100.06
黑龙江	191.41	214.22	112.93	78.42
吉林	194.23	208.98	126.27	91.84
辽宁	202.61	206.93	135.29	98.92
安徽	167.88	199.91	132.36	95.44
福建	134.56	199.06	144.93	97.75
江苏	181.06	198.15	135.91	100.39
江西	130.81	201.68	138.89	85.56
山东	205.85	211.05	139.09	102.14
上海	163.53	197.21	133.44	94.76
浙江	147.63	198.36	133.79	91.52
河南	179.54	202.05	125.88	95.92
湖北	149.47	196.79	121.15	84.12
湖南	122.28	193.84	122.52	72.35
广东	133.18	196.61	162.02	110.72
广西	129.13	188.74	148.02	87.62
海南	191.42	208.44	156.31	129.24
重庆	123.99	177.85	92.74	54.53
贵州	131.42	175.07	109.60	70.10
四川	182.89	193.92	131.16	113.05
西藏	251.49	256.73	202.85	163.43
云南	201.61	176.00	149.55	150.33
甘肃	219.12	243.73	152.43	119.56
宁夏	218.53	242.13	148.52	121.79
青海	247.15	260.57	186.94	144.78
陕西	180.48	206.38	118.82	99.82
新疆	218.68	261.43	155.36	102.05

1961—2016年我国不同省份的季节平均光伏发电潜力　　　表Ⅲ-2

省份	平均光伏发电潜力（kWh/m²）			
	春季	夏季	秋季	冬季
北京	84.27	81.60	55.19	43.47
河北	86.86	85.37	56.98	45.01

续表

省份	平均光伏发电潜力（kWh/m²）			
	春季	夏季	秋季	冬季
内蒙古	93.68	95.23	59.62	46.03
山西	83.77	84.96	55.65	46.90
天津	85.98	82.71	55.62	42.98
黑龙江	81.06	84.47	47.51	35.66
吉林	81.41	82.07	52.58	41.14
辽宁	83.84	80.70	55.55	43.44
安徽	67.60	76.53	52.78	40.05
福建	53.64	76.27	56.73	39.79
江苏	73.30	76.10	54.27	42.26
江西	52.18	76.94	54.63	35.31
山东	83.58	81.29	56.05	43.47
上海	66.25	75.65	52.87	39.60
浙江	59.36	75.94	52.92	38.01
河南	72.36	77.47	50.51	40.41
湖北	60.05	75.43	48.18	35.10
湖南	48.93	74.18	48.37	30.00
广东	52.41	75.07	62.80	44.51
广西	50.85	72.29	57.60	35.38
海南	73.90	79.54	60.23	50.38
重庆	49.69	68.37	36.68	22.54
贵州	52.87	68.32	43.66	28.90
四川	75.00	77.06	53.72	47.58
西藏	105.96	103.90	84.98	70.73
云南	80.51	69.36	59.72	60.88
甘肃	90.83	96.15	63.32	52.03
宁夏	90.07	94.84	61.39	52.89
青海	105.05	105.97	79.38	63.87
陕西	73.62	80.24	48.52	42.67
新疆	89.42	101.50	63.75	44.61

1961—2016 年我国不同省份年及季节平均水平面总太阳辐照度变化趋势　　表Ⅲ-3

省份	平均水平面总太阳辐照度［W/(m²·10a)］						
	1961—1990 年	1990—2016 年	1961—2016 年	春季	夏季	秋季	冬季
北京	−2.91	−1.90	−3.59	−2.50	−5.95	−3.57	−1.85
河北	−2.27	−1.95	−2.89	−1.90	−4.29	−2.98	−2.32
内蒙古	−1.20	1.33	−0.29	0.11	−0.29	−0.43	−0.48
山西	−3.10	−1.78	−2.72	−0.50	−4.78	−2.77	−2.69
天津	−2.90	−2.02	−3.98	−2.81	−5.85	−3.90	−2.52
黑龙江	−1.27	1.55	−0.34	−0.50	−0.40	0.11	0.26
吉林	−2.36	1.20	−1.27	−2.76	−1.18	−0.56	−0.50
辽宁	−3.32	0.09	−1.68	−1.96	−2.85	−1.37	−0.56

续表

省份	平均水平面总太阳辐照度 [W/(m² · 10a)]						
	1961—1990 年	1990—2016 年	1961—2016 年	春季	夏季	秋季	冬季
安徽	−4.80	−0.87	−2.75	1.24	−7.27	−2.13	−2.59
福建	−5.48	0.92	−2.12	0.56	−3.79	−1.63	−1.92
江苏	−3.35	−1.36	−2.50	0.62	−7.20	−1.62	−1.74
江西	−4.43	1.73	−1.73	1.27	−4.63	−1.32	−2.22
山东	−2.51	−2.84	−3.27	−1.35	−5.94	−3.29	−2.38
上海	−4.91	0.34	−2.33	1.54	−7.76	−2.44	−3.46
浙江	−5.83	0.88	−2.70	0.71	−5.48	−2.07	−2.74
河南	−5.06	−3.88	−3.53	−0.20	−7.26	−3.35	−3.01
湖北	−3.80	−1.49	−1.93	1.37	−5.58	−1.12	−1.93
湖南	−3.20	0.65	−1.51	0.95	−4.19	−1.11	−1.66
广东	−5.19	0.32	−2.08	−1.63	−2.58	−1.38	−1.84
广西	−2.71	0.65	−1.67	−0.85	−2.23	−1.04	−1.55
海南	−1.52	−3.27	−2.11	−1.45	−1.24	−1.58	−2.35
重庆	−4.41	0.44	−1.24	−0.33	−3.23	0.12	−1.28
贵州	−2.42	0.46	−1.73	−1.63	−3.31	−0.66	−1.24
四川	−1.70	1.15	−0.83	−0.48	−1.89	−0.16	−0.69
西藏	1.06	1.25	−0.05	0.69	−0.93	−0.20	0.55
云南	−1.24	3.83	−0.23	−0.85	−0.59	0.25	0.34
甘肃	−1.33	0.16	0.09	2.47	−0.51	−0.30	−0.52
宁夏	−0.25	−0.17	0.32	2.75	−0.13	−0.43	−1.06
青海	−0.42	−0.58	−0.50	0.57	−1.73	−0.37	−0.42
陕西	−3.97	−0.48	−0.89	2.56	−2.38	−0.90	−0.93
新疆	−0.26	1.35	−0.20	1.54	−0.43	−0.66	−1.14

1961—2016 年我国不同省份年及季节平均光伏发电潜力变化趋势　　　表Ⅲ-4

省份	平均光伏发电潜力变化趋势 [kWh/(m² · 10a)]						
	1961—1990 年	1990—2016 年	1961—2016 年	春季	夏季	秋季	冬季
北京	−4.61	−3.20	−5.99	−1.11	−2.33	−1.46	−0.86
河北	−3.71	−3.17	−4.88	−0.86	−1.69	−1.24	−1.07
内蒙古	−2.26	1.85	−1.00	−0.13	−0.28	−0.28	−0.29
山西	−4.96	−3.09	−4.64	−0.31	−1.88	−1.17	−1.24
天津	−4.76	−3.39	−6.66	−1.27	−2.29	−1.61	−1.17
黑龙江	−2.51	2.61	−0.92	−0.31	−0.28	−0.04	0.07
吉林	−4.11	2.03	−2.39	−1.23	−0.53	−0.31	−0.29
辽宁	−5.53	0.24	−2.95	−0.89	−1.15	−0.62	−0.31
安徽	−7.46	−1.47	−4.48	0.41	−2.76	−0.89	−1.13
福建	−8.60	1.19	−3.48	0.19	−1.49	−0.69	−0.83
江苏	−5.25	−2.24	−4.17	0.11	−2.77	−0.71	−0.79
江西	−7.01	2.37	−2.85	0.45	−1.78	−0.57	−0.96
山东	−4.04	−4.62	−5.43	−0.64	−2.28	−1.37	−1.10
上海	−7.47	−1.26	−4.28	0.59	−2.81	−0.66	−1.09

续表

省份	平均光伏发电潜力变化趋势 [kWh/(m² · 10a)]						
	1961—1990 年	1990—2016 年	1961—2016 年	春季	夏季	秋季	冬季
浙江	−9.11	1.09	−4.46	0.21	−2.13	−0.87	−1.19
河南	−7.67	−6.26	−5.65	−0.15	−2.72	−1.36	−1.31
湖北	−5.89	−2.44	−3.14	0.47	−2.11	−0.48	−0.84
湖南	−5.05	0.80	−2.49	0.32	−1.62	−0.47	−0.72
广东	−8.24	0.43	−3.41	−0.65	−1.02	−0.59	−0.78
广西	−4.42	0.81	−2.75	−0.37	−0.88	−0.46	−0.66
海南	−2.61	−4.94	−3.41	−0.61	−0.51	−0.66	−0.97
重庆	−6.78	−0.11	−2.07	−0.19	−1.23	0	−0.56
贵州	−3.92	0.53	−2.84	−0.67	−1.30	−0.30	−0.53
四川	−2.70	1.43	−1.53	−0.25	−0.79	−0.11	−0.34
西藏	1.38	1.32	−0.57	0.14	−0.51	−0.20	0.10
云南	−2.02	5.52	−0.62	−0.42	−0.29	0.05	0.05
甘肃	−2.21	−0.33	−0.30	0.86	−0.35	−0.20	−0.30
宁夏	−0.61	−0.79	−0.01	0.96	−0.18	−0.26	−0.57
青海	−1.07	−1.70	−1.39	0.10	−0.86	−0.30	−0.33
陕西	−6.18	−0.90	−1.65	0.92	−0.98	−0.41	−0.45
新疆	−0.65	1.63	−0.78	0.49	−0.28	−0.37	−0.57

1961—2016 年我国不同省份平均光伏发电容量
因子及其在两种天空条件下的差异   表Ⅲ-5

省份	平均光伏发电容量因子		两种天空条件下的平均光伏发电容量因子差异	
	晴空条件	全天空条件	绝对差异	相对差异（％）
北京	0.192	0.153	−0.039	−20.31
河北	0.189	0.150	−0.039	−20.63
内蒙古	0.199	0.164	−0.036	−17.59
山西	0.186	0.148	−0.038	−20.43
天津	0.188	0.151	−0.037	−19.68
黑龙江	0.198	0.156	−0.042	−21.21
吉林	0.194	0.156	−0.038	−19.59
辽宁	0.190	0.156	−0.034	−17.89
安徽	0.186	0.127	−0.059	−31.72
福建	0.188	0.123	−0.065	−34.57
江苏	0.186	0.130	−0.056	−30.11
江西	0.186	0.121	−0.067	−34.95
山东	0.185	0.144	−0.041	−22.16
上海	0.185	0.123	−0.062	−33.51
浙江	0.185	0.122	−0.063	−34.05
河南	0.184	0.132	−0.052	−28.26
湖北	0.183	0.121	−0.063	−33.88
湖南	0.183	0.115	−0.068	−37.16

续表

省份	平均光伏发电容量因子		两种天空条件下的平均光伏发电容量因子差异	
	晴空条件	全天空条件	绝对差异	相对差异（%）
广东	0.187	0.123	−0.064	−34.22
广西	0.184	0.120	−0.064	−34.78
海南	0.188	0.132	−0.056	−29.79
重庆	0.167	0.109	−0.058	−34.73
贵州	0.179	0.116	−0.063	−35.20
四川	0.186	0.139	−0.047	−25.27
西藏	0.240	0.208	−0.032	−13.33
云南	0.196	0.154	−0.042	−21.43
甘肃	0.206	0.169	−0.037	−17.96
宁夏	0.201	0.162	−0.039	−19.40
青海	0.225	0.188	−0.037	−16.44
陕西	0.181	0.139	−0.042	−23.20
新疆	0.209	0.173	−0.036	−17.22

我国不同省份 2021 年光伏装机容量及 2025 年预计光伏装机容量　　　　表Ⅲ-6

省份	2021 年[①]			2025 年[②]		
	集中式光伏（MW）	分布式光伏（MW）	总计（MW）	集中式光伏（MW）[③]	分布式光伏（MW）[③]	总计（MW）
北京	51	750	801	150	2370	2520
河北	16588	12625	29213	29300	24700	54000
内蒙古	12995	1025	14020	41600	3400	45000
山东	10090	23344	33434	16940	40060	57000
山西	11018	3559	14577	37430	12570	50000
天津	1189	589	1778	3420	2180	5600
黑龙江	3300	898	4198	6760	1920	8680
吉林	2658	801	3459	6120	1880	8000
辽宁	3175	1600	4775	6500	3500	10000
安徽	9470	7598	17068	14680	13320	28000
福建	392	2379	2770	560	4440	5000
江苏	9411	9749	19160	15250	19750	35000
上海	241	1442	1683	540	3530	4070
浙江	5770	12648	18418	7660	19960	27620
重庆	542	92	634	830	180	1010[④]
河南	6258	9298	15556	7310	14440	21750
湖北	7130	2396	9526	16390	5610	22000
湖南	2202	2310	4511	6100	6900	13000
江西	5520	3592	9111	14210	9790	24000
四川	1690	269	1959	8510	1490	10000
甘肃	10477	771	11248	38980	2710	41690
宁夏	13034	806	13840	30610	1890	32500

省份	2021 年[①]			2025 年[②]		
	集中式光伏 （MW）	分布式光伏 （MW）	总计 （MW）	集中式光伏 （MW）[③]	分布式光伏 （MW）[③]	总计 （MW）
青海	15948	160	16108	45380	420	45800
陕西	11028	2109	13137	30910	7090	38000
新疆	13320	172	13492	29860	450	30310[④]
广东	5082	5119	10201	13590	14380	27970
广西	2592	526	3117	12540	2460	15000
贵州	11176	194	11370	30480	520	31000
海南	1271	194	1465	5400	1030	6430
云南	3499	472	3971	47910	5970	53880
西藏	1366	22	1387	9860	140	10000

① 来自国家能源局 2021 年光伏发电建设运行情况统计数据。

② 2025 年并网光伏装机容量根据各省份印发的"十四五"可再生能源发展规划确定。

③ 假设 2025 年各省份集中式和分布式光伏装机容量比例遵循 2021 年和 2022 年的平均水平。

④ 重庆和新疆的光伏装机容量根据其 2025 年光伏和风电装机容量预期目标，以及 2021 年和 2022 年光伏和风电装机容量比例的平均值计算得出。

附录4 光伏建筑常用中英术语对照

A

Absorber 吸热板，吸收器，吸光［热］材料，吸光［热］物质

Absorber-piping assembly 吸光［热］管道装置，吸光［热］管道系统

Absorbing aerosol 吸收性气溶胶

Absorption refrigerator 吸收式致冷装置，吸收式冰箱

Absorption coefficient 吸收系数

Absorption edge 吸收限

Absorptivity 吸收能力［性，系数］，吸收率

Active layer 有源层，活性层

Adjustable shutter 可调节的挡板，可调整的光闸

Aesthetic function 审美功能，美学

Aerosols 大气微粒，悬浮微粒

Air collector 气瓶，气柜，集气器

Air-conditioning system 空调系统

Air-conditioning by evaporation 蒸发空调

Air-conditioning by solar energy 太阳能空调

Air gap 空气腔

Air humidity 空气湿度

Air mass (AM) 大气质量

Air pollution 空气污染

Air quality 空气品质

Air temperature 气温

Alternative energy 可替代能源

Alternative current (AC) 交流电（流）

Altitude 地平纬度，高度，海拔

Aluminum alloy 铝合金

Amorphous 非晶体

Amorphous silicon 非晶硅

Amorphous silicon cell 非晶硅太阳能电池

Ampere (A) 安（培）

Ampere-hour (Ah) 安（培小）时

Analytic hierarchy process (AHP) 层次分析法分析系统过程

Angstrom 埃 Å（长度单位，等于 10^{-10} mm）

Annealing 退火（过程），热处理

Anti-freeze 防冻，抗冻（剂），抗凝聚（剂）

Anti-reflection coating 防反射镀膜（层），抗［减］反射涂层

Architectural integration 建筑学的结合［组合，集成，并合，联合］

Architectural function 建筑（结构）功能，建筑操作（作用）

Architectural incorporation of collectors 吸［受］光板的建筑结合［并合］，太阳能板与建筑结合

Architectural integration 与建筑结合，建筑一体化

Array 阵列，光伏阵列

Array installation 阵列安装，光伏组件安装

Array size 阵列大小

Array wiring 阵列布线［接线］

Assessment method for solar energy resource 太阳能资源评估方法

Atmospheric mass 空气质量，大气质量

Atmospheric phenomena 大气现象

Atmospheric state 大气状态［状况，性能］

Atrium 天井，门廊，前庭中庭（厅）

Auger coefficient 俄歇系数

Autonomous system 自控系统，自主系统

Avalanche breakdown 雪崩击穿

Average reflectance 平均反射率

Average year 平均年

Awnings 遮盖，遮光，遮阳，遮篷

Azimuth 方位（角），（地）平经（度）

B

Back surface field (BSF) 背面（电）场

Back-up generator 备用发电机（发动机）

Balance of system (BOS) 系统平衡（考虑），系统成本平衡考虑

Band (-) tails（能）带尾

Bank (-) gap（能）带隙，禁带

Batten 板条

Batten seam 板条接合［接口］

Battery 蓄电池，电池（组）

Battery capacity 蓄电池容量

Battery charge regulator 蓄电池充电调节器

Battery coverage 电池覆盖率

Battery voltage 蓄电池电压

Beam solar radiation 太阳直射辐射

Bifacial solar cell 双面太阳电池

Black carbon 黑碳

Black body radiation 黑体辐射

Black cell 黑色太阳能电池

Blocking diode 切断阻断（阻塞）二极管，截止二极管

Boltzmann constant 波耳兹曼常数

Boundary 边界，界线，边缘

Breast wall 下侧墙，窗下墙

Brillouin zone（半导体）布里渊区（域）

Buffer layer 缓冲层

Buffer zones 缓冲区（域）

Building applied photovoltaics（BAPV）建筑附着光伏

Building envelope 建筑（物）外壳，房屋外层围护结构

Building integrated photovoltaics 光伏建筑一体化

Building orientation 建筑物朝向［取向］

Building thermal exchange 建筑物热量交换

Buried contact cell 埋藏金属接触型（太阳能）电池，隐埋金属接触型（太阳能）电池

By-pass diode 旁路二极管

C

Carbon neutrality 碳中和

Carbon peaking 碳达峰

Cable 电线，电缆

Campbell-Stokes sunshine recorder 坎贝尔-斯托克斯日照［日光］记录器［装置，仪器］

Campbell-Stokes sunshine indicator 坎贝尔-斯托克斯日照［日光］指示器［显示器］

Capacity coefficient 容量因子

Capability 性能，（实际）能力，容量，接受力

CdS buffer layer 硫化镉缓冲层

CdTe solar cell 缔化镉太阳能电池

Cell（太阳能）电池

Cell structure（太阳能）电池结构

Centralized photovoltaic system 集中式光伏系统

Charge equalizer 充电均衡器［补偿器，平衡装置］

Charge controller 充电控制器［调节器］

Charge regulator 充电调节器［调整器，稳定器］

Charge rate 充电率

Charging of batteries 蓄电池充电

Chimney effect 烟囱效应

Circulation pump 循环抽水机，循环水泵

Circuit breaker 断路器，电路保护［制动］器

Cladding 包层，贴面

Clock time 时钟时间

Collecting roof 收（受）光（屋）顶层（盖）

Collecting wall 收（受）光（屋）墙

Collector plate 太阳能板，光伏［太阳能电池］板

Collector performance 太阳能板性能［特性］

Collector efficiency 太阳能板效率

Collector losses 太阳能板损失［热损耗］

Collector operation 太阳能板操作［控制，管理，运行］

Collector temperatures 太阳能板温度

Colorful photovoltaic panel 彩色光伏板

Colloidal nanoparticles 胶体纳米粒子

Coefficient of performance 性能［特性］系数

Comfort level 舒适楼层［级别］

Commissioning 验收，试运行，投产；开工，启动

Component function check 元［部］件功能［作用］检验［校核，核对］

Concave spherical reflector 凹面球状反射器［镜，板］

Concentrating collector system 聚光型太阳能板系统

Concentrating solar power（CSP）聚光太阳能发电

Concentrating solar technology 聚光太阳能技术

Concentrator cell 聚光型太阳能电池

Concentrating flat mirror 聚光型平面镜

Concentration advantage 聚光优点

Concentration drawback 聚光缺点

Concentration factor 聚光系数，聚光因子

Concentrator of Fresnel lens 菲涅耳透镜聚光器

Condenser 冷凝［冷却］器

Conduction 传导，导电［热］

Configuration diagram 结构（外形）图

Contact（金属电极）接触［连接］

Contact passivation（金属电极）接触钝化（作用）

Contact recombination（金属电极）接触复合

Contact resistance 接触电阻

Continuity equation 连续（性）方程

Continuous commissioning（设备）连续调试

Convection loss（热）对流损失［损耗］

Convective heat transfer coefficient 对流传热系数

Convector 对流（放热）器，环［对］流机，供暖散热器

Copper 铜

Cost-effective 经济效益，成本效果

Cost-effectiveness 经济效益，成本效果

Cost of PV 光伏（系统）成本

Courtyard's function 庭院功能

Coupling 联结，接合，耦合

Critical point 临界点

Crystalline solar cell 晶体太阳能电池

Crystal structure 晶体结构

Cu（In，Ga）Se2（CIGS）solar cell 铜铟镓硒（CIGS）太阳能电池

Current-voltage tracker 电流-电压跟踪器

Curtailment of solar power 弃光

Curtain wall 幕墙，隔板墙

Cycle life 工作寿命

Cylindrical parabolic concentrator 抛物柱面聚光器

D

Daylight glare probability 日光眩光概率

DC power conditioning 直流功率调节［调制］

DC/DC converter 直流/直流转［变］换器

Deep discharge 深放电

Depth of discharge（DOD）放电深度

Declination 偏角，倾斜（角），方位角

Density 密（浓）度

Design concept 设计概念

Design consideration 设计考虑

Designer 设计师，设计者

Design for sustainability 可持续（建筑）设计

Design process responsibility 设计过程的责任［职责，任务］

Determination of collector area 太阳能板面积的确定［决定］

Device 器件，装置，设备，部件

Dielectric microsphere 介电微球

Diffuse radiation 散射辐射

Diffusion coefficient 扩散系数

Diffusion length 扩散长度

Direct current（DC）直流（电流）

Direct solar radiation 太阳直接辐射

Direct use system 直接使用系统

DC to DC converter 直流对直流转［变］换器

Discharge rate 放电率

Discharging of battery 蓄电池放电

Distributed photovoltaic system 分布式光伏系统

Dislocation 位错，错位，晶格位移

Dissipative loss 耗散损失

Domestic hot water 家用［民用］热水，生活用热水

Domestic hot water demand 生活用［家用，民用］热水需求［量］

Domestic hot water production 生活用［家用，民用］热水生产

Double glazing 双层玻璃（装配）

Driving load 驱动负载

Dual-axis tracking photovoltaic system 双轴跟踪光伏系统

E

Edge junction isolation (P-N) 结边缘［末端］隔离［绝缘］

Effective mass 有效质量

Electrical grid 电网，电极（条，栅格）

Electric yield 发电量，产电率

Electrical efficiency 电效率

Electrolyte 电解（溶）液，电解［离］质

Electromagnetic Interference (EMI) 电磁场干扰［干涉，扰乱］

Electron 电子

Electronics 电子学，电子仪器

Electron affinity 电子亲和［化合，亲合］力

Electron-hole pairs 电子-空穴对

Electronic charge 电子电荷（量）

Effective temperature 有效温度

Efficiency 效率，效力，功率

Electronics 电子学，电子设备（仪器，线路，工程）

Elegant building 优雅精美的建筑（物）

Emissivity 发［辐］射率，发［辐］射系数

Energy conservation 节能

Energy balance 能量平衡，能量配重

Energy density 能量密度

Energy efficiency 能量效率

Energy output 能量输出（量），能量生产［产量］

Energy storage 储能

Environment of building 建筑（物）环境［周围情况］

Equinox 春［秋］分，昼夜平分时［点］

Ethylene-vinyl acetate (EVA) 乙烯-乙酸乙烯共聚物

Evaporation 蒸发（过程，作用）

Excessive photon energy 多余［过剩，过量］光子能量

Exciton 激子，激发电子-空穴对

Exergy efficiency 㶲效率

Expanded polystyrene（EPS）聚苯乙烯

Experience 体验，经历，试验，经验

Exposure 曝光，照射，辐照

Exterior wall 外墙

Extinction coefficient 消光［声］系数，（光随深度的）衰减系数

Extruded polystyrene（XPS）挤塑聚苯乙烯

F

Feed-in-tariff 上网电价，保护性分类电价制度

Fermi level 费米能级

Fill factor（FF）填充因子

Financing issue 资金［财政］问题

Fire protection level 防火等级

Flashing 闪光［烁］，发火花，光源不稳

Flat plate collector 平板太阳能集热器

Float charge 浮式充电

Float life 浮动时间

Free carrier absorption 自由载流子吸收

Focus line 焦线

Focus point 焦点

Fresnel lens concentrator 菲涅耳透镜聚光器［系统，装置］

Function 功能，作用，操作

Function of a solar collector 太阳能板的功能［作用］

Fuses 保险丝，熔丝

G

Gassing 放气，充气，排气，出气

Gassing current 离子（气体）电流

Gel-type battery 凝胶型蓄电池

Generator 发电机，发动机

Geometric factor 几何因子

Germanium 锗（Ge）

Gettering 吸气（剂），消气（器）

Gigawatt 吉瓦，千兆瓦，十亿瓦

Glazing （装配）玻璃

Glass curtain wall 玻璃幕墙

Grain boundary 晶（粒边）界，颗粒间界

Grashof number 格拉肖夫数

Green building design 绿色建筑设计

Grid 格子，栅条，电网

Grid-connected PV system 联网光伏系统，并网连接光伏系统

Grid-connected inverter 联网型逆变器，并网型逆变器

Grid-connected system 联网系统，电网连接系统

Grid-interactive PV system 联网［电网］相互作用［配合，影响］的光伏系统

Greenhouse effect 温室效应

Grounding 接地，地线

H

Habitable volume 可居住空间日常工作量

Heat absorber 吸热体，吸热材料［物质］

Heat exchange surface 热交换（表）面

Heat flux 热流，热通量

Heat loss 热损失［损耗］

Heat conduction 热传导，导热

Heat convection 热对流

Heat radiation 热辐射

Heat propagation 热传导，热扩散

Heat pump 热泵

Heat transfer 传热，热转移［转换，传输］

Heat transfer coefficient 热传输［转换，转移］系数

Heat transfer fluid 传热流体，热传输流［气，液］体

Heat transfer system 传热系统，热传输系统

Heating of building 建筑物供暖

Heavy doping 重杂质扩散

Heavy masonry wall 大型砖石建筑墙壁

Height 高度

Heliograph 日照计，日光（反射）仪，日光反射信号器

High-efficiency 高效率

Hole 空穴，孔，洞

Horizontal plane 水平面

Horizontal single-axis tracking system 水平单轴跟踪系统

Horizontal surface 水平表面

Hot spot 热斑

Hour angle 小时角（时角）

Humidity 湿度，湿气，潮湿

Hybrid solar-wind power system 风光互补（混合）发电系统

Hybrid power system 混合发电系统

Hydrogen 氢气（H_2）

I

Illumination 照明，照射，光照

Implanted defect layer 离子注入引起的缺陷层

Impurity photovoltaic effect 杂质光伏效应

In parallel 并联

In series 串联

Incident radiation 入射辐射

Incidental gains 附带收益杂粒（子），寄生粒子

Inclination angle 倾角

Inclined surface 斜面

Indium 铟

Infrared glass 红外线玻璃

Influence of surroundings 环境［周围，四周］的影响

Infiltration air change per hour 每小时渗透换气次数

Ingress protection（IP）预防入侵，防止侵入［流入］保护（装置）

Input ripple 输入脉动

Insolation 日照

Insolation data 日照数据［资料］

Insolation fraction 日照百分数［部分，分数］

Inspection 观察，检测，调查研究

Installed capacity 装机容量

Installer 安装者［工］

Installation guideline 安装［装配］指南

Insulation 绝缘（体），隔离（层）

Insulated wall 保温墙体

Integral mounting 集成［总体］安装［装配］

Intensification technique 增强［强化］技术（措施）

Interface state（半导体）界面态

Internal quantum efficiency 内部量子效率

Intragranular density 晶体内的［颗粒内的］密度

Intrinsic carrier concentration 本征载流子浓度

Inverter 逆变器

Irradiance 辐照（率，强度），辐射（通量密）度

Islanding（设立）安全岛［区］，孤岛效应

I-V curve 电流-电压［*I-V*］特性曲线

J

Join 连接，焊接，加入

Joining 连接，结合，并到一起

Joint 接［结］合，连接，组件

Joint-chair 接座，接合座板

Jointer 接合器［物］，连接［接线］器

Junction (P-N junction)（半导体）结（P-N 结）

Junction box 接线盒，套管

K

Kilowatt-hour（kWh）千瓦小时

Kinetics 动力［运动］学

Kit 一套工具，配套元件

Knob 节，按钮

Knot 结，结点，节

Knowhow 专门知识［技能］，生产经验，能够

Krypton［Kr］氪灯

L

Laminate 分层，叠层，薄片［板］

Laminar flow 层流

Laser grooving 激光刻槽（技术）

Latitude 纬度，纬度线［角］

Lattice absorption 晶格吸收

Lattice constant 晶格常数

Lead-acid battery 铅酸蓄电池

Legal problem 合法（性）问题

Levelized cost of energy/electricity（*LCOE*）平准化度电成本

Liability 责任，义务

Lifetime 寿命，使用寿命，使用期（限）

Light-to-solar gain ratio 可见光透过率与太阳得热系数比

Light trapping 光陷阱（作用），光收集器

Lightning protection 避雷（电），预防闪电，预防雷电（击中）

Lithium 锂（Li）

Lithium-ion battery 锂离子电池

Lithium iron phosphate battery 磷酸铁锂电池

Load 负载

Load analysis 负载分析

Load management 负载处理［管理，控制，支配］

Load profile 负载分布［轮廓］

Local geography 局部布局［配置］

Local solar time 局部［本地］太阳时间

Log-sheet 记录卡片，记录日志（表）

Longitude 经度［线］

Loss of power supply probability（LPSP）系统供电失败率

Low-emissivity（Low-E）coating 低辐射涂层

M

Maintenance of battery 蓄电池维护［保养，维修］

Maintenance of log-sheet 维护［保养，维修］记录卡片，记录日志（表）

Maintenance of PCU 电力调节系统 维护［保养，维修］

Maintenance of PV array 光伏阵列维护［保养，维修］

Maximum power point（MPP）最大功率点（MPP）

Maximum power point tracker（MPPT）最大功率点跟踪［器］（MPPT）

Mass-producible 可批量生产的

Matching DC/DC converter（MC）直流/直流匹配变换器

Metal-silicon contact 金属-硅接触

Material of photovoltaics 光伏材料

Mathematical modelling 数学建模

Megawatt（MW）兆瓦

Meteorological data 气象数据［资料］

Meteorological network 气象网

Microclimate 小（环境）气候

Microgrooving 微型刻槽（技术）

Minority carrier 少数载流子

Mismatch 失配［调］，错配

Mobility 迁移率，可移动性

Module 组件（片，板）

Modularity 模块性

Module integrated converter 组件集成变换器

Module specification 组件［太阳能板］技术说明［要求］

Molybdenum 钼（Mo）

Monitoring 监控，检测

Mounting of PV array 光伏阵列安装

Mounting structure 安装结构

Mounting technology 安装技术

Moisture 潮湿

Mullion 竖框，窗门的直棂

Multicrystalline 多晶体

Multicrystalline cell 多晶太阳能电池

Multicrystalline silicon 多晶硅

Multilayer cell 多层（结构）太阳能电池

Multijuction cell 多节点电池

Muntin 门中挺，窗格条

N

Nebulosity 云雾状态，云量［度］

Net present value（NPV）净现值

Nickel/cadmium battery 镍/镉（Ni/Cd）蓄电池

Negative greenhouse effect 负温室效应

Nocturnal re-radiation 夜间再［重新］辐射

Nominal capacity 额定容量，标定的容量

Nominal power 额定功率，标定的功率

O

Ohm 欧姆

Optical material 光学材料

Optical glass 光学玻璃

Open-circuit voltage（V_{oc}）开路电压（V_{oc}）

Optoelectronics 光电子学

Orientation and inclination of collector 朝向与倾角

Overcharging protection 预防超（负）载，预防过量充电 ，过压保护

Overhang 外伸，伸出

Overhang projection factor 外悬挑投影系数

Overload capability 过量充电容量［能力］，超（负）载能力

Overvoltage protection 预防超（电）压，预防过（电）压

Oxide surface passivation 氧化层表面钝化（作用）

Oxide traps 氧化层陷阱

Ozone 臭氧（O_3）

P

Panel 面板

Parabolic reflector 抛物面反射器［镜］

Parallel 平行，并联

Parallel connection 并联连接

Parallel resistance 并联电阻

Parapet 栏杆，护墙

Passivate 钝化

Passivation layer 钝化层

Passive system 被动式系统

Payback 回收，偿还，成本付清，投资回报够本

Payback period 回收期

Peak power 峰值功率

Peak watt 峰值功率瓦数

Performance 性能，特性

Perimeter of supposed shadow 假定的阴影周长

Permittivity 介电常数，（绝对）电容率

Personal safety 个人安全

PERL cell 发射极钝化和背面局部扩散型（PERL）太阳能电池

PESC cell 钝化发射极太阳能电池（PESC）

Phonon 声子

Phonon energy 声子能量

Phosphorus diffusion（半导体中）磷（P）扩散

Photocell 光电池

Photocurrent collection 光电流收集

Photoelectronics 光电子学

Photolithographic process 光刻工艺

Photon 光子

Photonics 光子学，光子仪器

Photon energy 光子能量

Photosynthesis 光合作用，光能合成

Photothermal conversion efficiency 光热转化效率

Photovoltaic（PV）光伏，光生伏特

Photovoltaic（PV）array 光伏阵列

Photovoltaic（PV）cell 光伏电池，太阳能电池

Photovoltaic（PV）conversion efficiency 光电转化效率

Photovoltaic direct current arcing 光伏直流拉弧

Photovoltaics for utility scale applications（PVUSA）用于大规模应用的光伏

Photovoltaic（PV）generator 光伏发电机

Photovoltaic（PV）laminator 光伏层压机

Photovoltaic（PV）module 光伏组件

Photovoltaic（PV）panel 光伏电池板，太阳能电池板

Photovoltaic（PV）power Station 光伏电站

Photovoltaic（PV）principle 光伏原理

Photovoltaic（PV）string 光伏电池串

Photovoltaic（PV）system 光伏系统

Photovoltaic (PV) system of concentration 聚光光伏系统

Photovoltaic (PV) trombe wall 光伏特朗勃墙

Photovoltaic vacuum glazing (PVVG) 一体型光伏真空窗（光伏层朝向室外侧）

Photovoltaic vacuum double glazing (PVVDG) 中空型光伏真空窗（光伏层朝向室外侧）

Photovoltaic vacuum insulated wall 光伏真空保温墙

Photovoltaic vacuum insulated facade 光伏真空保温幕墙

Photovoltaic (PV) ventilated window 光伏通风窗

Planning responsibility 设计［计划］责任［职责］

Plug and socket 插头与插座

Point contact cell 点接触太阳能电池

Polycrystalline 多晶

Polycrystalline cell 多晶电池

Polycrystalline silicon 多晶硅

Polyvinyl butyral (PVB) 聚乙烯醇缩丁醛

Polyvinylidene fluoride 聚偏二氟乙烯

Poisson's equation 泊松方程

Power conditioning unit (PCU) 电力调节系统

Power conditioning equipment 电力调节设备

Power conversion efficiency 电能转换效率

Power density 功率密度

Power factor 功率因子［因数］

Power output 发电功率

Precipitation 沉淀（作用，反应），沉积（物）

Prefabricated material 预制材料

Primitive cell 初级电池，原始电池

Product 产品，制成品，（乘）积

Protection measure 保护测量，防护测量

Protection class 保护等级，防护种类

Public housing 公（共）屋（村），公共住房

Pulse width modulation (PWM) 脉宽调制

PV module 光伏组件

PV roof 光伏屋顶

PV tile 光伏瓦

PV system 光伏系统

PV/Thermal (PV/T) system 光伏/热系统

Pyranometer 日照［辐射］强度计，太阳辐射计

Q

Quality factor (Q factor) 品质［质量］因数［因子］

Quantum efficiency 量子效率

Quasi-Fermi level 准费米能级

R

Radiation 辐射，发光［射］，照射

Radiation coefficient 辐射系数

Radiation diffuse 散射，漫射

Radiation loss 辐射损失

Radiation threshold 辐射阈值

Radiator panel 散热器［片］

Raman scattering 拉曼散射

Randomizing scheme 随机方案［设计］

Rayleigh scattering 瑞利散射

Received energy 接收到的能量

Received radiation 接收到的（光）辐射

Recombination 复合

Reflectance 反射率，反射系数

Reflection 反射

Reflection band 反射带

Reflection peak 反射峰

Reflector 反射器，反射镜［板］

Reflectivity 反射性［率，能力，系数］

Refractive index 折射率［指数］，折光指数

Regulator 调节（整）器，控制器

Regulatory 规章的，管理的，调节（整）的

Relative humidity 相对湿度

Reliability 可靠性，安全性

Remote 遥控，远距离，偏远

Reproducibility （再生产）重复性

Resistivity 电阻率［系数］，稳定性

Responsibility of installer 安装工人的责任［可靠性］

Right to the sun 太阳的右侧［面］

Roof 屋顶，楼面

S

Safety issue 安全问题

Safety regulation 安全规则［章程，条例］

Saturation current density 饱和电流密度

Scattering aerosol 散射性气溶胶

Screen printing 丝网印刷

Screen printed contact 丝网印刷电极接触

Sealed water collector 密封式水吸热板［器，装置］

Selective coating 选择性镀膜，局部镀膜

Selective etching 选择性腐蚀

Self-assembled photonic glass 自组装光子玻璃

self-consumption rate（SCR）光伏自给率（也称自消纳率）

Self-sufficiency rate（SSR）用户自给率（也称自保障率）

Semiconductor 半导体

Series charge controller 串联充电控制器

Series connection 串联连接

Series regulator 串联调节器

Series resistance 串联电阻

Shaded cell 遮蔽单元

Shading 遮盖，掩蔽

Shadow 阴影，影子

Shed 棚，小屋，车房

Shelf life 搁置寿命，储存寿命［期限］

Short-circuit current（I_{sc}）短路电流

Shunt controller 分流控制器，并联控制器

Shunt regulator 分流调节器

Shunt resistance 并联电阻

Shutter 挡板，快门，遮光器

Simulation 模拟

Simulation program 模拟程序

Single clear glazing 单层玻璃

Single PV glazing 单层光伏玻璃

Site survey 工地［场所，位置］调查［勘测］

Skylight 天窗，顶棚照明

Sky temperature 天空温度

Solar air-conditioning 太阳能空调

Solar application potential 太阳能应用潜力

Solar architecture 太阳能建筑学

Solar building 太阳能建筑（物）

Solar cell 太阳能电池

Solar collector 太阳能集热器

Solar collection and storage 太阳能收集和与储存

Solar concentrating parabolic mirror 太阳能抛物面聚光镜

Solar concentrating system 太阳能聚光系统

Solar constant 太阳常数

Solar declination 太阳（光）倾斜［偏角］

Solar design principle 太阳能（建筑）设计原理

Solar distillation 太阳能蒸馏（作用）

Solar domestic hot water 太阳能家用热水

Solar economic return 太阳能经济回报［报告］

Solar estimation of demand 太阳能需求评估

Solar energy economic data 太阳能经济数据［资料］

Solar engine 太阳能发电机［发动机］

Solar engineering 太阳能工程［技术］

Solar engineering material 太阳能工程材料［物质］

Solar flat roof element（SOFREL）太阳能平顶屋顶元件

Solar fraction 太阳能利用系数

Solar furnace 太阳能（加热）炉

Solar gains 太阳能增益［利益，效益］

Solar generating station 太阳能发电站

Solar house 太阳房

Solar heat gain coefficient（$SHGC$）太阳得热系数

Solar mass 太阳质量

Solar insulation 太阳能隔热［绝缘，保温］

Solar installation 太阳能系统［装置］安装［装配］

Solar pond 太阳能（游泳）池［水池，水库］

Solar radiation 太阳能辐射，太阳光

Solar radiation of clear sky 晴天太阳光［能辐射，光照］

Solar simulator 太阳光模拟器

Solar spectrum 太阳光谱

Solar thermal power generation system 太阳能热动力发电系统

Solar diffuse component 太阳能散射光部分

Solar direct component 太阳能直射光部分

Solar evaluation 太阳能（量）评估

Solar intensity 太阳光强

Solar radiation received on a plane 一个平面上接收到的太阳能（光）

Solar still 太阳能蒸馏（器）

Solar energy balance 太阳能平衡

Solar water heater 太阳能热水器

Solar water pump 太阳能抽水机

Solar added heat pump 太阳能辅助热泵

Solstice（夏或冬）至

Space cell 宇宙空间用太阳能电池

Spectral distribution 光谱分布

Spectral reflectivity 光谱反射率

Spectrobolometer 分光变阻测热计

Spin orbit splitting 自旋分离［分裂］

Stability 稳定性，平衡（状态）

Stacking fault 堆垛层错

Stand-alone PV system 独立［单独］光伏系统，离网光伏系统

Stand-alone inverter 独立［单独］逆变器，离网逆变器

Standard coal 标准煤

Standard test condition (STC) 标准测试条件

State-of-charge (SOC) 充电状态

Station 站，台

Stationary battery 平稳的［固定的］蓄电池

Stereographic projection 立体投影，球极平面投影

Storage 储存，蓄电

Storage crushed rock 储存碎石

Storage dissolved salt 储存溶解［融化］盐

Storage gravel 储存砾石

Storage heat induced reaction 储存热感反应

Storage variation of temperature 储存温度变化

Storage volume 储存容量

Storage-wall collector 墙体储热集热器储存器壁（接收）板

Storage water 储存水

Stratification 储存分层（现象，作用），层（次，化）

String diode 串行二极管

Structural glazing 大块玻璃装配

Sun 太阳，日光，阳光

Sun coordinates in sky 天空中太阳坐标

Sun height 太阳高度

Sunshade blind 遮阳百叶

Sunshine hour 日照小时数

Sunshine jordan 日照锥形精磨机，日照低速磨浆机

Supplementary heating 辅助［附加］加热

Support pillar 支撑柱

Surface heat exchange coefficient 表面热交换系数

Surface temperature of the sun 太阳表面温度

Surface recombination 表面复合

Surface reflectance 表面反射率

Surface state 表面态

Surge protection 预防冲击浪涌保护

Surroundings 四周，周围环境

Switch 开关，继电器

System advisor model 系统顾问模型

System performance 系统性能

System sizing 系统大小［尺寸］

T

Tandem cell 级联太阳能电池

Technical specification 技术规格技术说明书

Temperature 温度

Temperature coefficient 温度系数

Temperature dependence 温度依赖性关系

Temperature stratification 温度分层，温度层次

Termites 铅基轴承合金

Texturing 晶体结构纹理化，（制作）表面微型结构

Thermal behaviour 热性能［性质］行为

Thermal bridging 冷桥效应

Thermal capacity 热容量

Thermal circuit distribution and control 热路分布和控制

Thermocouple 热电偶

Thermal conductivity 热导率

Thermal diffusivity 热扩散性率［系数，能力］

Thermal efficiency 热效率

Thermal exchange 热交换

Thermal function 热功能［作用］

Thermal inertia 热惯性［惰性］

Thermal optimization 热（量）最佳化

Thermal optimization of a solar house 太阳房热性能优化

Thermal stratification 热分层

Thermal voltage 热电压

Thermopile 热［温差］电偶，热电元件

Thermosiphon 热虹吸管，温差环流（冷却）系统

Thin-film 薄膜

Thin-film solar cell 薄膜太阳能电池

Thin-wafer 薄晶片

Tilt angle 倾角

Time-of-use (TOU) 分时策略

Trade-off 折中方案［办法］，权衡，综合

Transom 横眉［窗，门顶］，横梁［材］

Total solar radiation 总太阳辐射

Tracker 追踪系统

Tracking 跟踪

Transformer 变压器

Trickle charge 点滴式［微电流，涓流，连续补充］充电

Trickle-flow collector 滴流太阳能板［集热器］

Track of the sun in the horizontal plane 水平面上太阳跟踪

Traditional material 传统材料

Transmission factor 传输［传导］系数

Truss 构架工程，横梁

Turbulent flow 紊流

U

Ultraviolet light 紫外线光

Underfloor heating coil 地板下加热盘管

Unit cell 单元电池，晶胞，单晶体

Unsaturated color 不饱和颜色

Unshaded cell 未遮蔽单元

Usable solar energy 可用的［可能的，有效的］太阳能

User 用户，顾客，使用者

Useful daylight illuminance 有效自然采光照度

Utility interconnection 公用设施互连

Utility interface 实用程序界面

Utility requirement 公用设施要求

Utility-interactive inverter 互动式逆变器公司交互性的逆变器

V

Vacuum gap 真空腔

Vacuum glazing 真空玻璃

Vacuum photovoltaic glazing (VPVG) 一体型真空光伏窗（真空层朝向室外侧）

Vacuum photovoltaic double glazing (VPVDG) 中空型真空光伏窗（真空层朝向室外侧）

Value for optical capture cross-section 光俘获截面大小［尺寸］

Ventilation 通风（装置，设备），排［通］气

Vertical plane 垂直（平）面

Vertical surface 竖直［垂直］表［平］面

Violet cell 紫色太阳能电池

Visible light 可见光

Visible transmittance 可见光透过率

Volt（V）伏（特）

Volts AC（VAC）交流电压［伏特］

Volts DC（VDC）直流电压［伏特］

W

Wall temperature and comfort 墙壁温度和设备［舒适程度］

Wall collector of optimal area 墙壁太阳能板最佳化面积

Wall collector of south-facing 墙壁向南的太阳能板

Wall thermal resistance 墙体热阻

Wall specific heat 墙体比热容

Waste heat 废热

Water collector 热水用的太阳能集热器板

Water-filled canister 装满水的罐［箱，容器］

Watt（W）瓦（特）

Watt-hour（Wh）瓦（小）时

Wavelength modulation 波长调节［调制，变换］

Weather sealing 对天气［气候］密封，不受天气影响

Wind effect 风影响［作用，效应］

Wind speed 风速（度）

Wind direction 风向

Wire sizing（确定）电线［缆］大小

Window-to-wall ratio 窗墙比

X

X-ray X 光，X 射线

X-coordinate X 坐标（系）

X-Y recorder X-Y 记录仪

Xenon［Xe］lamp 氙灯

Y

Yield 产出［生］，输出，产量，生产率

Y-line Y 轴［线］，纵轴［线］

Y-intercept Y 轴截距

Z

Zenith 天顶，顶［极］点，最高点

Zenith angle 太阳顶角

Zone（地）区，区域，范围